海洋油气井导管安装方法

杨 进 著

科 学 出 版 社
北 京

内 容 简 介

本书系统地介绍了海洋油气导管分类、结构组成、常见的安装工艺，以及对应的关键设计技术。本书分三个部分，第一部分（第1章）从海洋油气井导管的功能着手，介绍不同类型井口的结构特点；第二部分（第2—第4章）主要以海洋油气井导管安装方法为目标，分别论述了海洋油气井导管安装方法的施工工艺和所需装备，同时重点分析了其关键设计技术；第三部分（第5章）结合地质、海洋环境和作业因素，阐述了三种导管安装方法的适应性。

本书可作为海洋油气工程、石油工程、海洋工程等专业技术人员进行海洋工程设计、海洋钻井设计及安全作业控制的参考用书，也可供石油、海洋院校相关专业的教学和科研人员阅读使用。

图书在版编目(CIP)数据

海洋油气井导管安装方法 / 杨进著. —北京：科学出版社，2020. 3

ISBN 978-7-03-063539-6

Ⅰ.①海…　Ⅱ.①杨…　Ⅲ.①海上油气田-油层套管-安装
Ⅳ.①TE53 ②TE925

中国版本图书馆 CIP 数据核字（2019）第264925号

责任编辑：焦　健　柴良木 / 责任校对：王　瑞
责任印制：赵　博 / 封面设计：北京图阅盛世文化传媒有限公司

科学出版社 出版
北京东黄城根北街16号
邮政编码：100717
http://www.sciencep.com
涿州市般润文化传播有限公司印刷
科学出版社发行　各地新华书店经销
*
2020年3月第　一　版　开本：787×1092　1/16
2025年2月第二次印刷　印张：8 1/2
字数：220 000

定价：118.00元

（如有印装质量问题，我社负责调换）

前　　言

海洋石油资源量约占全球石油资源总量的34%，其中，海洋油气资源约70%分布于大陆架，深海（水深为500～1500m）与超深海（水深大于1500m）占比约30%。2008～2018年新增石油储量中，海洋石油储量占比超过60%，且多集中于深海。2018年中国油气产量为1.92亿t，其中海洋油气产量为6000万t，2018～2019年海上钻井数量超过500口，且具有递增的趋势。

油气井是人类勘探与开发地下油气资源必不可少的信息和物质通道，是沟通地下油气藏与地上工作场所的路径。海洋上油气井和陆上油气井的最大区别在于存在一层几米到上千米的海水，这层海水给海洋油气井的施工带来巨大挑战。海洋油气井工程是围绕油气井的工程设计、钻井与完井、测量、使用与维护而实施的资金和技术密集型工程，它贯穿于油气勘探与开发及油田弃置全过程的关键环节。在世界范围内，海洋油气井探井的建设费用占油气勘探总成本的60%～80%，油气开发井的建设费用占总开发费用的比例超过50%。

在海洋油气井工程中，油气井导管是连接海底与水上设施及装备的咽喉，是海上油气勘探与开发成功与否的第一道重要工程关口。在复杂海洋环境条件下，油气井导管受风、浪、流、冰及作业载荷等多因素影响，其安装施工和后期生产运行稳定性是一个技术难题。海洋油气井导管结构主要包括井口头、导管本体、接头、管鞋等，其安装方法和力学行为十分复杂，必须要有专门工具和技术来进行海上的施工作业。

对于海上油气井导管，主要有三种安装方法：第一种是钻入安装方法，即利用海上钻机先钻出一个井眼，然后把油气井导管下入海底土中并进行固井；第二种是打桩安装方法，即钻井之前使用打桩作业船或平台，利用桩锤把油气井导管打入海底土中；第三种是喷射安装方法，即利用钻头水眼喷射出的水流破坏海底土形成钻孔，通过油气井导管和钻具的组合体重量将导管下入设计深度，然后解脱导管和钻具，完成油气井导管安装。这三种安装方法具有独特的安装工具、复杂的操作工艺，以及不同的使用条件和适应性。

自2000年以来，笔者在海洋油气井导管力学研究和工程实践方面做了大量工作，并以此为基础初步形成海洋油气井导管力学理论及安装方法与技术体系。笔者试图对这些工作的主要内容加以总结并出版，献给广大读者，并期望它能够对海洋油气井导管力学与工程的进一步发展产生一点积极作用。

本书包括5章内容，可分为三个部分。第一部分（第1章）从海洋油气井导管的功能入手，按照油气井导管所处作业环境，将其分为水上井口和水下井口两类，分别重点介绍这两大类井口的探井和开发井油气导管主要组成及其结构特点，并给出国际典型的浅水和深水井口装置结构。第二部分（第2—第4章）主要以海洋油气井导管安装方法为目标，分别论述了海洋油气井导管的三种主流安装方法的施工工艺和装备，同时重点介绍了这三种海洋油气井导管安装方法的关键设计技术。在第一和第二部分的基础上，第三部分（第5章）结合地质、海洋环境和施工作业因素，重点分析了这三种方法安装导管工艺技术的适应性，为海洋油气井导管安装方法的选择提供科学依据。

本书是在笔者承担和参加的若干国家项目和石油企业科技项目资助下完成的，其中包括国家油气开发重大专项、国家自然科学基金项目、973计划项目、863计划项目，以及中国海洋石油集团有限公司、中国石油天然气集团有限公司、中国石油化工集团有限公司等企业的资助项目。在此，特向国家自然科学基金委员会及有关部门和企业表示衷心的感谢。另外，还要特别感谢中国石油大学（北京）为本书的部分研究提供了良好的研究条件。

在本书编写过程中，笔者指导的研究生也给予了极大支持和帮助，特别是孙挺、宋宇、周波、李舒展、谢仁军、杨宇鹏、仝刚、吴怡、徐国贤、焦金刚、严德、赵少伟、刘宝生、王泽刚等博士研究生和硕士研究生，都对本书做出了很大的贡献。若没有实验室的研究人员和研究团队的共同工作，笔者很难完成这样一本学术著作，在此向他们表示衷心感谢。

由于笔者水平有限，书中不妥之处在所难免，恭请广大同仁和读者批评指正。

目　　录

第1章　海洋油气井导管功能和井口结构

海洋油气井导管是海洋油气钻采井口中最重要的组成部分，井口装置是整个油气钻采装备中最关键的安全设备之一，不仅能有效隔绝外部地层，安全输送井下油气，防止浅部地质灾害侵入，而且更重要的是可为井口防喷器（blow-out preventer，BOP）、采油树、井下油套管提供承载力。因此，海洋油气井口长期以来备受国内外研究机构和广大油田开发人员的关注。

海洋常用套管程序一般可分为油气导管、表层套管、技术套管及生产套管，储层生产套管常为尾管。典型海洋井身结构如图1.1所示。

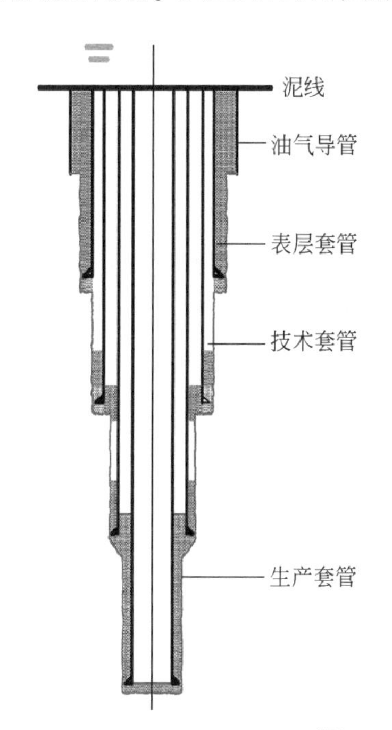

套管名称	井眼尺寸/in①	套管尺寸/in
油气导管	36	—
表层套管	26	20
第一层技术套管	17 1/2	13 3/8
第二层技术套管	12 1/4	9 5/8
生产套管	8 1/2	7

图1.1　典型海洋井身结构

井口装置多种多样，形式各异，但就其基本组成而言，通常由套管头、套管头四通、套管悬挂器、密封装置、平板闸阀等主要部件组成。井口装置贯穿油气井勘探开发的全寿命周期，有多种分类方式。按照井口装置用途可分为开发井井口装置、探井井口装置。在设计不同用途的井口装置过程中，需重点关注和研究施工工艺，并对其

① 1in=2.54cm。

相关的密封、设备材料进行针对性设计，以便适应不同的井况要求。按照连接方式，井口装置又可分为法兰连接、卡瓦连接等。法兰连接稳定性好，连接强度高；卡瓦连接更换快捷方便，节约时间。按照井口安装环境分类方法，可将其分为水上井口和水下井口。井口作业环境决定了井口装置结构和工艺流程，该分类方法可以较清晰地展示两类井口结构的差异性，同时根据不同的作业阶段，划分探井、开发井的井口装置特点。本章将按照此分类方法进行介绍。

1.1 油气井导管功能

海上钻井作业下入套管顺序是油气井导管（表层导管、隔水导管等）、表层套管、技术套管等，开发井还需要下入油管等生产管柱。油气导管是构成平台-海底油气的重要密闭通道，无论是探井导管还是开发井导管，其基本功能均是隔离海水、形成钻井液循环通道，同时作为井口的重要持力结构。然而，探井和生产井的开发方式不同，会导致井口结构和功能的具体化差异。

1.1.1 探井导管功能

探井通常的作业周期在几十天至几个月，探井导管主要采用螺纹连接方式，高压井口头与技术套管采用卡簧式连接。探井导管主要用作建立井口、支撑井口和防喷器组重量，其下入泥面的深度要根据地层破裂强度和地层的承载能力而确定。因要满足正常建立循环而不压裂地层，同时满足支撑后续套管和井口的重量，其出泥高度应该满足安装高压井口和井控系统的作业要求。探井导管常用尺寸为762mm、609.6mm和508mm。对于浅水油气探井采用钻入法下入的方式，深水油气探井通常采用钻入法和喷射法。

1.1.2 开发井导管功能

在完成钻完井作业后，开发井还要经历数年甚至几十年的油气生产阶段，井口上端安装生产系统，导管头内分别安装套管挂和油管挂，开发井的套管层级更多，同时管材的强度及防腐要求通常更高。开发井导管一般采用螺纹、快速接头或焊接等连接方式，高压井口头采用法兰连接，为套管柱和采油树提供保护和支撑。对于浅水油气田开发井通常采用锤入法安装方式，而对于深水开发井多采用喷射法和钻入法。

1.2 油气井井口结构

油气井功能类型和井口工作环境介质是影响井口结构差异性的决定因素。井口在水面以上，周围接触介质是空气，这样的井口称为水上井口；井口位于水面以下的称为水下井口。

1.2.1　水上井口导管结构

1.2.1.1　探井水上井口钻井导管结构

探井水上井口的上端坐落在钻井平台上。图1.2为探井水上井口结构示意图。导管通常为ϕ762mm（30in）；表层套管通常采用ϕ339.7mm（13 3/8in）套管，上端安装套管头；生产套管为ϕ244.5mm（9 5/8in）。其与陆地井口最大的区别是水上井口包含套管泥线悬挂器。

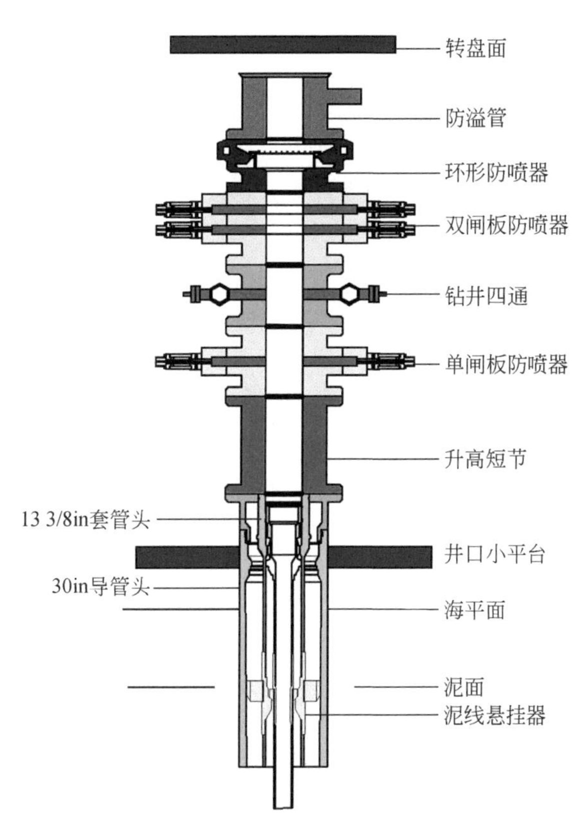

图1.2　探井水上井口结构示意图

导管和导管头通过卡簧或焊接的方式连接。套管头为井口装置的主体，位于钻井小平台上，其常规结构上端分别连接升高短节、单闸板防喷器、钻井四通、双闸板防喷器、环形防喷器和防溢管，防溢管位于转盘面以下。密封总成用于封闭套管与套管之间的环空，其结构有金属对金属密封及橡胶环形密封等多种形式。

1）导管段井口结构

导管段井口结构组成为导管头、30in 导管串。导管头位于转盘面以下，安装有灌钻井液管线和返出口，在钻井设计中显示的导管段井口结构如图 1.3 所示。

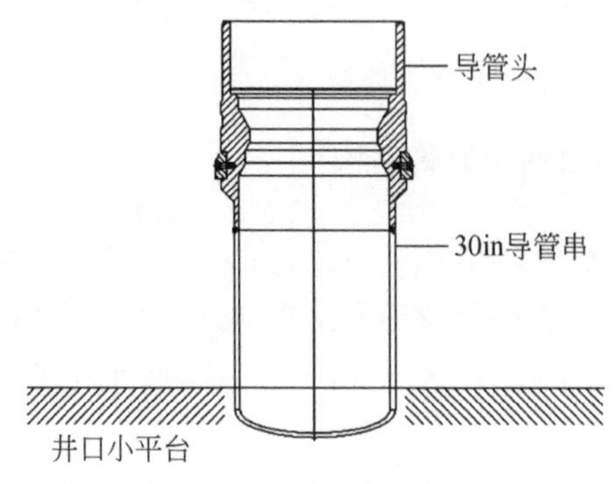

图 1.3　导管段井口结构

2）表层套管段井口结构

从工艺流程可以看出，表层套管段钻井是在导管钻井完成后下入 13 3/8in 套管并完成坐挂，安装防磨补心和 13 5/8in 套管头，再安装防喷器组。井口结构组成包括套

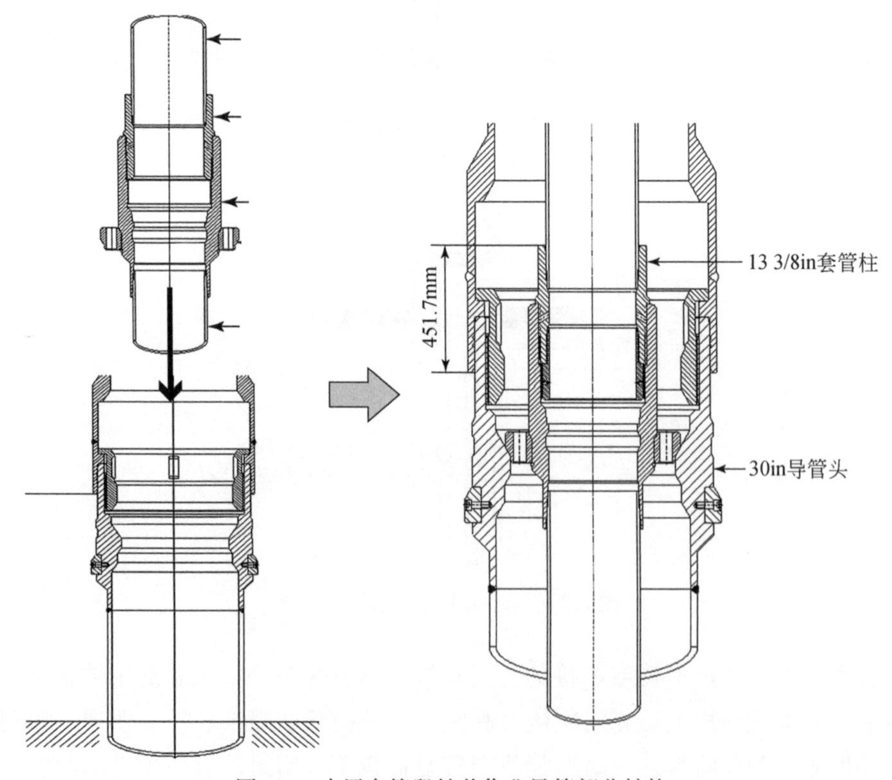

图 1.4　表层套管段钻井作业导管部分结构

管头、套管头四通、套管悬挂器、密封装置、平板闸阀等主要部件。套管头连接套管柱上端，由套管悬挂器及其锥座组成，用于支承下一层较小的套管柱并密封上下两层套管间的环形空间。套管悬挂器的上端通常与一个上法兰连接，下端与一个四通连接，而四通下部又焊接一个下法兰，具有上下法兰和两个环空出口，从而构成一个套管头短节。二开固井后井口安装防喷器组，形成的井口结构如图 1.4 和图 1.5 所示。

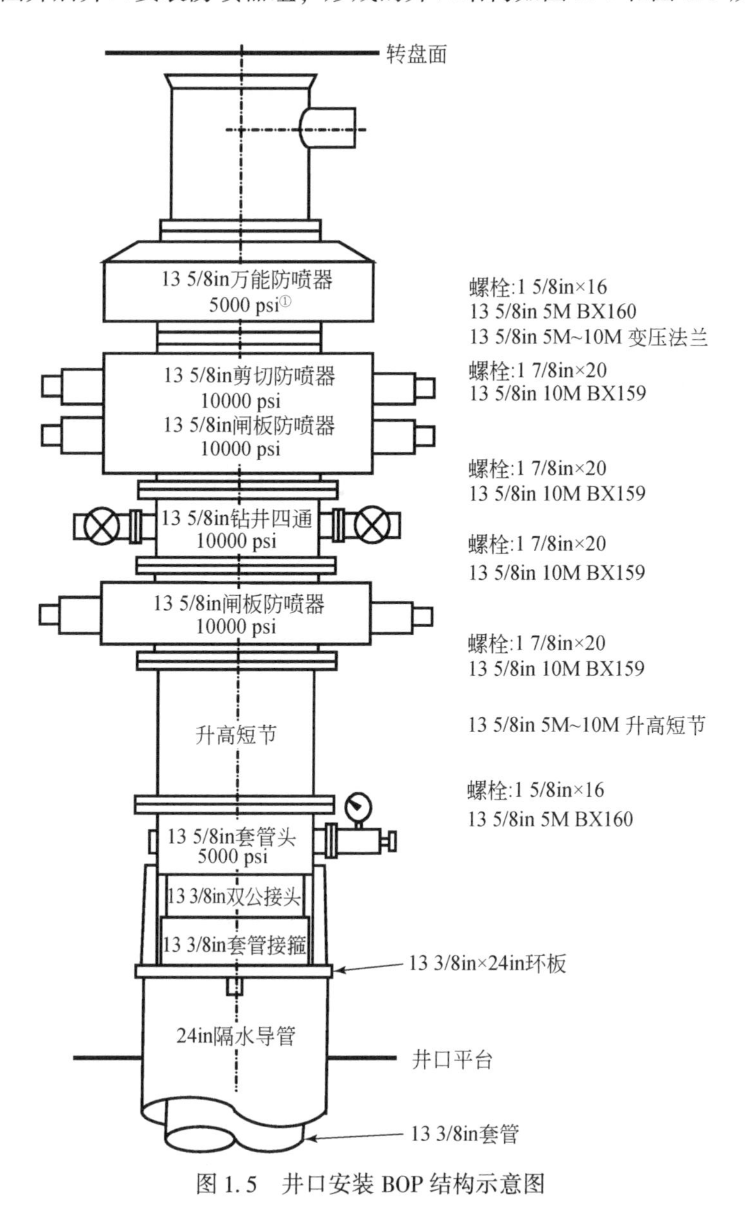

图 1.5　井口安装 BOP 结构示意图

① $1\text{psi}=6.89476\times10^3\text{Pa}$。

至今，水上井口装置在开发程序、执行标准、制造方法、产品品种、结构形式等多个方面均已积累了大量成熟的经验，一般来说，只要具有相当工业基础的国家就能够研制开发相应的产品。但就其高性能、高级别和适应复杂地况条件下的井口装置来说，其技术仍掌握在为数不多的企业当中。例如，美国通用电气（General Electric Company，GE）公司开发的HH级井口装置最高工作压力可达2000psi，闸阀最高工作压力为30000psi；美国的Cameron和MCEVOY公司研制的双管采油井口装置，最大通径为179.4mm，最大工作压力为20000psi，采用扇形法兰连接方式；Cameron公司生产的井口装置系统主要采用套管悬挂器，具有自密封性能，只要很小的坐封载荷就可自动增强密封性能，使悬挂管柱更准确；FMC公司生产的具有长设计寿命的井口装置，使用寿命可长达20～25年；中国宝鸡石油机械有限责任公司研制的具有抗高压、耐腐蚀性能的井口装置，不仅能满足15000psi的工作压力，而且具有较强的抗H_2S等防腐性能。

1.2.1.2　开发井水上井口导管结构

开发井水上井口在完成钻完井之后需要进行关井，拆卸BOP，再安装井口采油树，与探井井口的结构差异主要包括采油树、油管挂、油管头和生产管汇。在套管头的最上部，套管头的上下法兰分别与油管头的下法兰和下面一级套管头的上法兰连接。油管头安装在最上部套管头的上部，由油管悬挂器及其本体组成，用于悬挂油管柱，并密封油管与生产套管间的环形空间。油管头通常是一个有上下法兰连接的短节，并带有两个环空侧出口，构成一个四通，因此也叫油管四通。开发井水上井口结构示意图如图1.6所示。

1）油管头

油管头的下部带螺纹直接连接在生产套管的上端，上部为法兰。上法兰都带有锁紧螺丝，用来压紧油管悬挂器。海上油田的油管头多数上下都带法兰（图1.7）。

美国石油协会（American Petroleum Institute，API）标准系列中油管头的工作压力有1000psi、2000psi、3000psi、5000psi、10000psi、15000psi、20000psi 7种。油管头最小工作压力等于井口关井压力，一般在完井时选择额定工作压力等于地层破裂压力的油管头。油管头的额定工作压力应与油管悬挂器的额定工作压力相匹配。

2）油管悬挂器

油管悬挂器是坐在油管四通本体内的锥座中，用来悬挂油管柱，并在所悬挂的油管和油管四通本体之间起密封作用的一种装置。

海上油气完井一般都安装井下安全阀，因此油管悬挂器要提供连接液压控制管线的通道，潜油电泵井还需备有井下放气阀和电缆穿越通道并密封。

3）采油树

采油树由阀门、异径接头、油嘴及管路配件组成，是一种用于控制油气生产，并

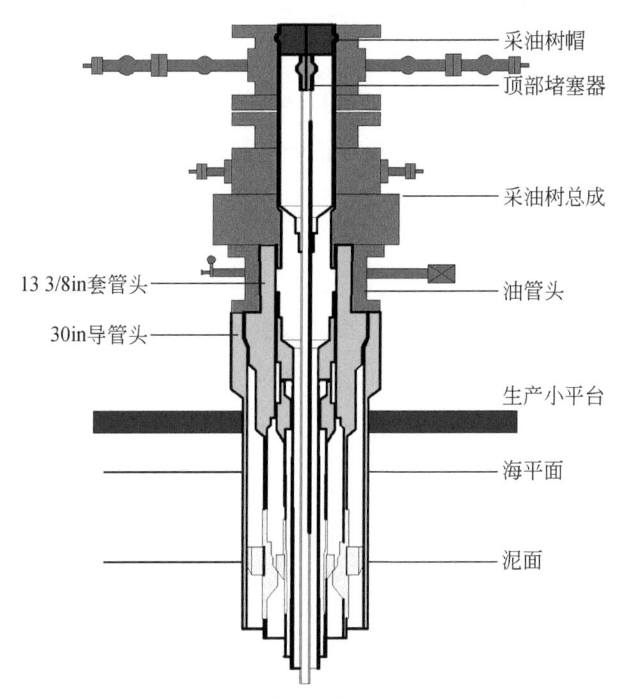

图 1.6　开发井水上井口结构示意图

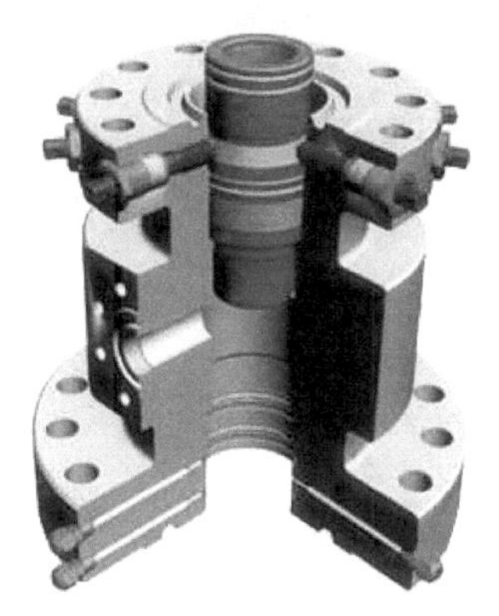

图 1.7　油管头结构示意图

为钢丝、电缆、连续油管等修井作业提供条件的装置。

按结构形式可分为分体式和整体式两种。分体式由一些阀门等独立部件组装而成。整体式是将主阀、安全阀、清蜡阀和翼阀等制成一个整体部件，阀与阀之间的距离较小，既省空间又耐高压，特别适用于海上平台的油气井。按生产井类别和完井生产方式可分为自喷井的采油树、潜油电泵井的采油树、气举井的采油树、螺杆泵井的采油树、注水井的采油树、气井的采油树等。

采油树的主要部件有油管四通和三通、闸阀和旋塞阀、油嘴、法兰、钢圈、背压阀、采油树帽、防磨衬套、试压塞等。

采油树的额定工作压力等于组成采油树各部件中额定工作压力最小部件的额定工作压力，即额定工作压力最小的部件决定整个采油树的额定工作压力。

1.2.2　水下井口导管结构

随着水深增加，钻井平台从自升式向浮式转变，钻井井口也从水上井口向水下井口转变。为了实现深水钻井安全高效作业，必须使用隔水管系统和水下防喷器系统，图 1.8 是深水钻井的必要钻井装备。

图 1.8　深水钻井水下井口至平台结构示意图

1. 卡盘/万向节；2. 分流器；3. 上部挠性接头；4. 伸缩管；5. 张力环；6. 中间挠性管；7. 上部接头；8. 隔水管接头；9. 隔水管适配器；10. 单挠性接头；11. 防喷器连接器；12. 井口连接器；13. 水下井口

探井和开发井的水下井口工艺结构存在明显差异。以喷射法安装探井水下井口为例，主要经历 4 个阶段：一开井眼及导管下入、二开钻井、下表层套管及固井、安装防喷器组。

开发井井口在水下井口完成一开井眼及导管下入后，需要下入生产基盘，再完成多口井导管安装，下入水下防喷器组，进行固井作业，之后钻开水泥塞，进行后续钻井，最后安装采油树和生产管汇（图1.9）。

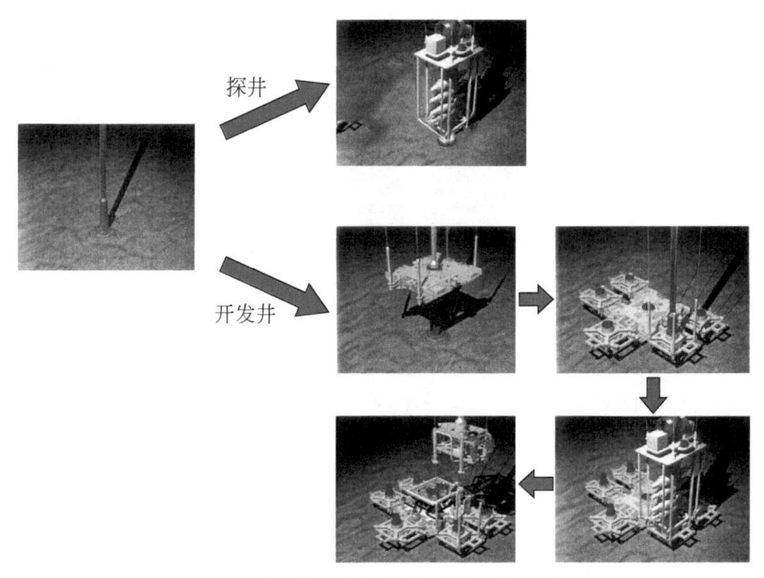

图1.9　探井、开发井水下井口作业流程

1.2.2.1　探井水下井口钻井导管结构

探井水下井口作为钻井井口的支撑结构，图1.10为探井常用的典型井口和套管系列。一般套管系列，导管通常为ϕ762mm（30in）和ϕ914.4mm（36in），一般入泥100m左右；表层套管为ϕ508mm（20in）或高压井口头直接过渡到ϕ339.7mm（13 3/8in）技术套管；油层套管为ϕ244.5mm（9 5/8in）和ϕ177.8mm（7in）；通常备用一层套管。

导管和导管头通过焊接或短节连接。高压井口头为水下井口装置的主体，通常以476.3mm（18 3/4in）高压井口头为标准尺寸，不仅能够用卡箍或圆形销与已有的井口连接器配合，而且其底部预留的对接焊口可与用户需要的加厚壁厚相匹配。另外，高压井口头中间部位设计有开口锁定环、防反转锁销和底部反馈环等，用于套管头的可靠锁定，防止其与762mm（30in）套管头相对转动及钻井液返回等。套管悬挂器用于悬挂内层各套管，其尺寸比较多。其中339.7mm、244.5mm和177.8mm 3种尺寸套管悬挂器使用最普遍。密封总成用于封闭套管与套管之间的环空，其结构有金属对金属密封及橡胶环形密封等多种形式。

水下防喷器组与水上防喷器组基本结构近似，由于压力原件和控制系统完全集成在防喷器组内，其结构更加庞大，控制系统更加复杂，深水钻井中防喷器组的重量往往超

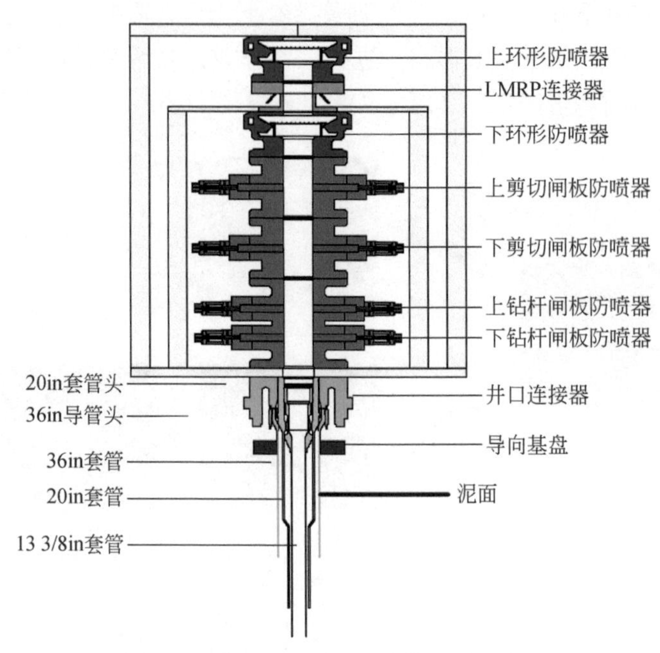

图 1. 10　典型水下井口和套管系列示意图

过 100t。防喷器组由上环形防喷器、LMRP[①]连接器、下环形防喷器、上剪切闸板防喷器、下剪切闸板防喷器、上钻杆闸板防喷器、下钻杆闸板防喷器和井口连接器组成。

1. 2. 2. 2　开发井水下井口导管结构

开发井水下井口与探井最大的区别在于需要安装水下采油树，生产导向基盘的尺寸更大，结构更复杂（图 1. 11）。海洋水下井口是整个水下生产系统中的单元产品，水下生产系统可以包含多个水下井口、采油装备，水下井口和采油装备一般只对应 1 个海底油井。

和常规探井的永久导向底座相比，永久导向底座尺寸更大，除导向和基盘功能之外，底座下部设计了 2 条集液管，从采油树出来的原油经生产阀进入集液管。底座的导向杆经过改进，可以回收多次利用。

水下采油树最大通径为 ϕ279. 4mm（11in），可进行正常的修井和小于通径的侧钻作业。当作业通径要求大于 ϕ279. 4mm（11in）时，则要求吊起采油树。生产阀、环空阀、安全阀、化学药剂注入阀等 16 个不同性能的球阀阀门开关，集中设置在便于遥控潜水器（remote operated vehicle，ROV）操作的一块操作盘上，以便于控制。这些阀门也可由平台液压控制开启和关闭，在应急情况下，安全阀可自动关闭。

① 水下隔水管总成（lower marine riser package，LMRP）。

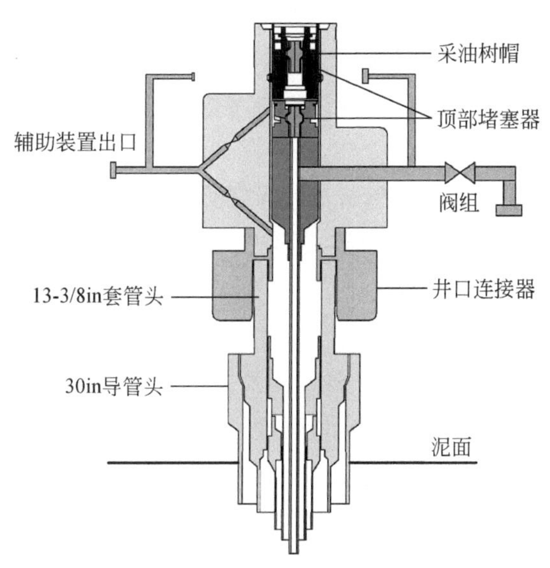

图 1. 11　典型开发井水下井口及套管结构示意图

1. 3　常用油气井井口装置

海上油田的井口装置一般有多层套管及环形空间，由此油气井井口有多个套管头。最下部套管头安装在隔水导管顶端，其上法兰与中间套管头的下法兰相连接，其下端是螺纹或焊接滑套。中间套管头的上下法兰分别与上下套管头连接。在开发井中，最上部套管头的上下法兰分别与油管头的下法兰和下面一级套管头的上法兰连接。

合理的井口强度是确保油气井顺利钻井和安全生产的前提。井口强度设计的实质就是根据在导管、套管及其密封等装置服役的全寿命周期内可以预见的各种载荷，并在满足安全可靠和经济性原则前提下，优选各层套管的材质、钢级、壁厚和扣型。

1. 3. 1　井口装置技术要求

1. 3. 1. 1　设计原则及要求

井口强度设计应保证强度、通径和耐用性，满足钻完井和油气井生产过程中各种工况和载荷条件，即在整个使用期内，井口装置任一环节的强度均大于其承受的载荷，同时应遵循全井成本最低的原则。大致可以概括为以下几点。

（1）井口设计包括井口强度、密封和耐腐蚀设计。

（2）对于存在地层滑移、盐岩层、软泥岩等塑性蠕动地层、泥岩膨胀、含腐蚀流体地层（硫化氢、二氧化碳、高矿化度水层等）等特殊条件，应在导管钢级、壁厚、材质、螺纹密封等方面做出相应的特殊设计。

（3）对于高温井和热采井套管设计，应考虑内部套管柱的热膨胀效应对井口的影响。

API 建立了油气井常用油气套管标准，导管强度的设计同样依照此规范，API 标准套管主要特征包括生产方式、钢级、连接形式、长度范围和壁厚（或单位长度质量）。

1.3.1.2　钢级及强度

井口装置的主体（导管、套管、悬挂器及井口头）及其配件大部分由钢质材料制成，API 根据不同钢级的材料给出了对应强度，标准钢级由字母和数字组成，其中数字以 psi 为单位标明钢材最小屈服强度。表 1.1 列出了 API 标准钢级的材料性能。

表 1.1　标准钢级的材料性能

API 钢级	屈服应力/psi		最小极限拉应力/psi	最小延伸率/%
	最小	最大		
H-40	40000	80000	60000	29.5
J-55	55000	80000	75000	24.0
K-55	55000	80000	95000	19.5
N-80	80000	110000	100000	18.5
L-80	80000	95000	95000	19.5
C-90	90000	105000	100000	18.5
C-95	95000	110000	105000	18.5
T-95	95000	110000	105000	18.0
P-110	110000	140000	125000	15.0
Q-125	125000	150000	135000	18.0

导管强度包括抗内压强度、抗拉强度和抗外挤强度，这 3 个强度指标是最主要的机械性能指标，计算模型如下。

1. 抗内压强度

根据 API 标准，导管的抗内压强度由内屈服压力公式计算：

$$p=0.875\left(\frac{2Y_{\mathrm{P}}t}{D}\right) \tag{1.1}$$

式中，p 为最小内屈服压力，MPa；Y_{P} 为最小屈服强度，MPa；t 为导管公称壁厚，mm；D 为导管公称外径，mm；0.875 为考虑导管壁厚不均而引入的系数，即允许导管的最小壁厚比 API 标准的规定壁厚有 12.5% 的误差。

2. 抗拉强度

根据 API 标准，导管轴向强度是横截面积（由规定尺寸计算）和屈服强度的乘积，可由导管管体材料的屈服强度公式确定：

$$P_y=\frac{\pi}{4}(D^2-d^2)Y_P \tag{1.2}$$

式中，P_y为管体轴向强度，N；Y_P为最小屈服强度，MPa；D 为导管公称外径，mm；d 为导管公称内径，mm。

3. 抗外挤强度

根据导管不同外径与壁厚的径厚比 D/t 和屈服强度，API 将导管的抗外挤强度计算分为屈服挤毁强度、塑性挤毁强度、塑弹性挤毁强度和弹性挤毁强度 4 种公式，这 4 种公式的应用范围取决于 D/t 值。4 个挤毁区间如图 1.12 所示。

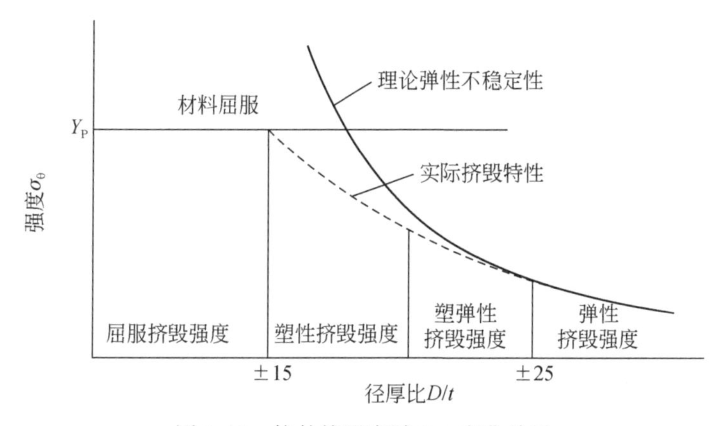

图 1.12　抗外挤强度随 D/t 变化关系

（1）屈服挤毁强度。当 $D/t\leqslant(D/t)_{YP}$时，

$$\left.\begin{aligned}(D/t)_{YP}&=\frac{\sqrt{(A-1)^2+8\left(B+\dfrac{6.894757C}{Y_P}\right)}+(A-2)}{2\left(B+\dfrac{6.894757C}{Y_P}\right)}\\P_{YP}&=2Y_P\left[\frac{D/t-1}{(D/t)^2}\right]\end{aligned}\right\} \tag{1.3}$$

（2）塑性挤毁强度。当$(D/t)_{YP}\leqslant D/t\leqslant(D/t)_{PT}$时，

$$\left.\begin{aligned}(D/t)_{YP}&=\frac{Y_P(A-F)}{6.894757C+Y_P(B-G)}\\P_{YP}&=Y_P\left[\frac{A}{D/t}-B\right]-6.894757C\end{aligned}\right\} \tag{1.4}$$

（3）塑弹性挤毁强度。当 $(D/t)_{PT} \leqslant D/t \leqslant (D/t)_{TE}$ 时，

$$\begin{cases} (D/t)_{YP} = \dfrac{2+B/A}{3(B/A)} \\ P_{YP} = Y_P\left(\dfrac{F}{D/t} - G\right) \end{cases} \tag{1.5}$$

（4）弹性挤毁强度。当 $(D/t)_{TE} \leqslant D/t$ 时，

$$P_E = \frac{323.71\times10^6}{(D/t)[(D/t)-1]^2} \tag{1.6}$$

式中，Y_P 为最小屈服强度，kPa；D 为管体规定外径，mm；t 为管体规定壁厚，mm；P_{YP} 为屈服强度挤毁压力，kPa；P_E 为弹性挤毁压力，kPa；$(D/t)_{YP}$为屈服与塑性挤毁分界点上的 D/t 值；$(D/t)_{PT}$为塑性与塑弹性挤毁分界点上的 D/t 值；$(D/t)_{TE}$为塑弹性与弹性挤毁分界点上的 D/t 值；A，B，C，F，G 为系数，其与分界点上的 D/t 值列于表 1.2。

表 1.2　API 公式的 D/t 分界值及其系数

钢级	D/t 范围			P_P			P_T	
	$(D/t)_{YP}$	$(D/t)_{PT}$	$(D/t)_{TE}$	A	B	C	F	G
H40	16.40	27.01	42.64	2.950	0.0465	754	2.063	0.0325
H50	15.24	25.63	38.83	2.976	0.0515	1056	2.003	0.0347
J55/k55	14.81	25.01	37.21	2.991	0.0541	1206	1.989	0.0360
D60	14.44	24.42	35.73	3.005	0.0566	1356	1.983	0.0373
D70	13.85	23.38	33.17	3.037	0.0617	1656	1.984	0.0403
C75/E75	13.60	22.91	32.05	3.054	0.0642	1806	1.990	0.0418
L80/N80	13.38	22.47	31.02	3.071	0.0667	1955	1.998	0.0434
C90	13.01	21.69	29.18	3.106	0.0718	2254	2.017	0.0466
C95/T95/X95	12.85	21.33	28.36	3.124	0.0743	2404	2.029	0.0482
X100	12.70	21.00	27.60	3.143	0.0768	2553	2.040	0.0499
P105/G105	12.57	20.70	26.89	3.162	0.0794	2702	2.053	0.0515
P110	12.44	20.41	26.22	3.181	0.0819	2852	2.066	0.0532
P120	12.21	19.88	25.01	3.219	0.0870	3151	2.092	0.0565
Q125	12.11	19.63	24.46	3.239	0.0895	3301	2.106	0.0582
Q130	12.02	19.40	23.94	3.258	0.0920	3451	2.119	0.0599
Q135	11.92	19.18	23.44	3.278	0.0946	3601	2.133	0.0615
Q140	11.84	18.97	22.98	3.297	0.0971	3751	2.146	0.0632
Q150	11.67	18.57	22.11	3.336	0.1021	4053	2.174	0.0666
Q155	11.59	18.37	21.70	3.356	0.1047	4204	2.188	0.0683
Q160	11.52	18.19	21.32	3.375	0.1072	4356	2.202	0.0700

续表

钢级	D/t 范围			P_P			P_T	
	$(D/t)_{YP}$	$(D/t)_{PT}$	$(D/t)_{TE}$	A	B	C	F	G
Q170	11. 37	17. 82	20. 60	3. 412	0. 1123	4660	2. 131	0. 0734
Q180	11. 23	17. 47	19. 93	3. 449	0. 1173	4966	2. 261	0. 0769

注：P_P为塑性挤毁压力，kPa；P_T为塑弹性挤毁压力，kPa。

根据《石油天然气安全规程》（AQ 2012—2007）要求，井口装置的管柱强度设计安全系数在以下范围内选取（含硫天然气井应取高限）。

（1）抗外挤：1. 0 ~ 1. 125；

（2）抗内压：1. 05 ~ 1. 25；

（3）抗拉：1. 6 ~ 1. 8；

（4）三轴安全系数：1. 125 ~ 1. 25。

1. 3. 1. 3　材料与防腐

在油气开采过程中，油气井产出物中的二氧化碳（CO_2）和硫化氢（H_2S）是两种最主要的腐蚀介质，它们通过与水作用对油套管发生腐蚀，其中 H_2S 还会使套管产生硫化物应力和氢脆开裂。对于油井，建议在气油比高的情况下，采用总压力乘以伴生气中 CO_2和 H_2S 的摩尔含量得到气体中 CO_2和 H_2S 的分压；在气油比低的情况下采用泡点压力乘以伴生气中 CO_2和 H_2S 的摩尔含量得到气体中 CO_2和 H_2S 的分压。

井口设备的防腐主要有三种形式：使用耐蚀合金钢管材、使用内涂层或内衬、使用普通管材加缓蚀剂。使用耐蚀合金钢管材的投资成本高，防腐性能最好；使用内涂层或内衬经济性好，有一定的腐蚀风险；使用普通管材加缓蚀剂一般只作为后期维护方法，作业费用高，防腐效果不确定。

确定油气田防腐方案时，需要综合考虑油气田整个寿命期内的初期投资、作业成本、可操作性、对油气田生产的影响等因素。对于腐蚀环境恶劣并且生产时间较长的油气田建议考虑采用耐蚀合金钢管材防腐；对于井口本体、控制件、阀体悬挂器等也通常使用耐蚀合金钢管材，避免接触损伤导致的腐蚀加剧；对于腐蚀环境不恶劣并且油气田生产时间较短的油气田可以根据情况考虑采用其他两种防腐方案。

井口设备所采用的材料应符合表 1. 3 的材料要求。

表 1. 3　井口设备材料要求

材料级别	材料最低要求	
	本体、盖和法兰	压力控制件、阀体和心轴式悬挂器
AA——一般工况	碳钢和低合金钢	碳钢和低合金钢

续表

材料级别	材料最低要求	
	本体、盖和法兰	压力控制件、阀体和心轴式悬挂器
BB——一般工况	碳钢和低合金钢	不锈钢
CC——一般工况	不锈钢	不锈钢
DD——酸性工况	碳钢和低合金钢**	碳钢和低合金钢**
EE——酸性工况	碳钢和低合金钢**	不锈钢**
FF——酸性工况	不锈钢**	不锈钢**
HH——酸性工况	抗腐蚀合金**	碳钢和低合金钢**

** 应符合美国腐蚀工程师协会 NACE HR-01075 标准。

1.3.1.4　通径尺寸

垂直通径是指能够通过工具或井下设备的最小垂直孔径。API 要求井口本体垂直通径应比本体上的套管通径大约 0.8mm（1/32in）。符合这个要求的井口本体称为全开孔径。本体最小垂直全开通径与下部所接套管的最大尺寸应符合表 1.4 的对应关系。

表 1.4　井口最小垂直全开通径和套管最大尺寸

连接器		主体下部套管			井口主体最小垂直公开通径/in
连接器公称尺寸和通径/in	额定工作压力/psi	外径尺寸/in	公称重量/(lb/ft)*	规定通径/in	
7 1/16	2000	7	17.0	6.413	6.45
7 1/16	3000	7	20.0	6.331	6.36
7 1/16	5000	7	23.0	6.241	6.28
7 1/16	10000	7	29.0	6.059	6.09
7 1/16	15000	7	38.0	5.795	5.83
7 1/16	20000	7	38.0	5.795	5.83
9	2000	8 5/8	24.0	7.972	8.00
9	3000	8 5/8	32.0	7.796	7.83
9	5000	8 5/8	36.0	7.700	7.73
9	10000	8 5/8	40.0	7.600	7.62
9	15000	8 5/8	49.0	7.386	7.41
11	2000	10 3/4	40.5	9.894	9.92
11	3000	10 3/4	40.5	9.894	9.92
11	5000	10 3/4	51.0	9.694	9.73
11	10000	9 5/8	53.5	8.379	9.41
11	15000	9 5/8	53.5	8.379	9.41

续表

连接器		主体下部套管			井口主体最小垂直公开通径/in
连接器公称尺寸和通径/in	额定工作压力/psi	外径尺寸/in	公称重量/(lb/ft)*	规定通径/in	
13 5/8	2000	13 3/8	54.5	12.459	12.50
13 5/8	3000	13 3/8	61.0	12.359	12.39
13 5/8	5000	13 3/8	72.0	12.191	12.22
13 5/8	10000	13 3/8	60.0	10.616	10.66
16 3/4	2000	16	65.0	15.062	15.09
16 3/4	3000	16	84.0	14.822	14.86
16 3/4	5000	16	84.0	14.822	14.86
16 3/4	10000	16	84.0	14.822	14.86
18 3/4	5000	18 5/8	87.5	17.567	17.59
18 3/4	10000	18 5/8	87.5	17.567	17.59
21 1/4	2000	20	94.0	18.936	18.97
21 1/4	3000	20	94.0	18.936	18.97
21 1/4	5000	20	94.0	18.936	18.97
21 1/4	10000	20	94.0	18.936	18.97

注：①井口本体上部连接；②套管的最大尺寸和最小重量根据孔径而定；③通径按API规定。

* 1lb/ft=1.488163kg/m。

API规定的套管头和油管头法兰尺寸及其所支撑套管尺寸的匹配见表1.5。

表1.5　API规定的套管头和油管头法兰尺寸及其所支撑套管尺寸（单位：in）

表层套管	支撑套管	套管头	第一中间套管头法兰			第二中间套管头法兰			油管头法兰	
			下	上	支撑套管	下	上	支撑套管	下	上
7	4 1/2、5	7 1/2	—	—	—	—	—	—	—	—
8 5/8	4 1/2~5 1/2	9	—	—	—	—	—	—	—	—
9 5/8	4 1/2~7	9	—	—	—	—	—	—	—	—
10 3/4	5 1/2~7 5/8	11	—	—	—	—	—	—	—	—
11 3/4	5 1/2~7 5/8	13 5/8	—	—	—	—	—	—	—	—
11 3/4	7 5/8	13 5/8	13 5/8	11、9	4 1/2、5	—	—	—	—	—
11 3/4	8 5/8	13 5/8	13 5/8	11、9	4 1/2~5 1/2	—	—	—	—	—
13 3/8	8 5/8	13 5/8	13 5/8	11、9	4 1/2~7	—	—	—	—	—
13 3/8	9 5/8	13 5/8	13 5/8	11	5 1/2~7 5/8	—	—	—	—	—
16	8 5/8	16 3/4	16 3/4	11、9	5 1/2~7 5/8	—	—	—	—	—
16	9 5/8	16 3/4	16 3/4	11	7 5/8	—	—	—	—	—

续表

表层套管	支撑套管	套管头	第一中间套管头法兰			第二中间套管头法兰			油管头法兰	
			下	上	支撑套管	下	上	支撑套管	下	上
16	10 3/4	16 3/4	16 3/4	13 5/8、11	8 5/8	—	—	—	—	—
16	10 3/4	16 3/4	16 3/4	13 5/8、11	9 5/8	13 5/8、11	11、9	4 1/2 ~ 5	11、9	7 1/16
16	13 3/8	16 3/4	16 3/4	13 5/8	8 5/8	13 5/8	11、9	4 1/2 ~ 5 1/2	11、9	7 1/16
16	13 3/8	16 3/4	16 3/4	13 5/8	9 5/8	13 5/8	11	4 1/2 ~ 7	11	7 1/16
20	13 3/8	21 1/4	21 1/4	13 5/8	8 5/8	13 5/8	11	4 1/2 ~ 5 1/2	11	7 1/16
20	13 3/8	21 1/4	21 1/4	13 5/8	9 5/8	13 5/8	11	4 1/2 ~ 7	11	7 1/16
20	16	21 1/4	21 1/4	16 3/4	10 3/4	16 3/4	11	5 1/2、7	11	7 1/16
20	16	21 1/4	21 1/4	20 3/4	13 3/8	20 3/4	13 5/8	8 5/8、9 5/8	13 34	11

套管悬挂器是安装在套管头和套管四通的锥座中，用于牢固地悬挂下一级较小的套管柱，并在所悬挂的套管和套管头锥座之间提供密封的一种装置。套管悬挂器所受到的载荷主要有锥形台肩作用的径向载荷、套管重量作用的拉伸载荷和井内压力载荷。套管悬挂器应能承受所悬挂的套管柱重量，否则会产生缩颈变形而影响井下工具的通过。

套管悬挂器的尺寸是由公称外径决定的，它应与套管头法兰的公称尺寸相匹配。表 1.6 为套管悬挂器的最大外径与钻通设备相匹配的要求。

表 1.6　套管悬挂器的最大外径与钻通设备相匹配的要求

套管头上法兰公称尺寸和最小通径/in	额定工作压力/kpsi	悬挂器的最大外径/in
7 1/16	2、3、5、10、15、20	7.010
9	2、3、5、10、15	8.933
11	2、3、5、10、15	10.918
13 3/5	2、3、5、10	13.523
16 3/4	2、3、5、10	16.625
18 3/4	5、10	18.625
20 3/4	3	20.625
21 1/4	2、5、10	21.124

1.3.2　常用井口装置

为实现不同作业环境的油气钻采施工，油气井口装置呈现多样性的发展趋势，各大公司研发的井口装置各具特点，具有代表性的著名制造厂商有美国 Cameron 公司、

Drill-Quip 公司、GE-Vetco Gray 公司、英国 FMC 公司、挪威 Aker Kvaerner 公司等。

1）Cameron 公司的 STM 型海洋水下井口装置

目前，Cameron 公司的主流水下井口装置为 STM-15 DW5 型和 STM-15E 型，其结构如图 1. 13 所示。

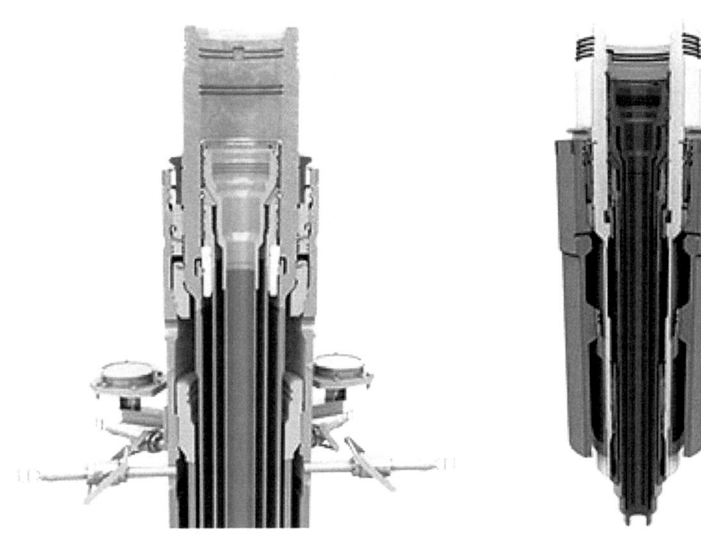

(a) STM-15 DW5型海底井口系统　(b) STM-15E型水下井口装置

图 1. 13　Cameron 公司的井口装置

STM-15 DW5 型海底井口系统在选择钻井和完井方法时提供了更大的灵活性，适用水深可达 3048m，16in 辅助吊架和适配器能提供更高容量。井口主体由锻造的 F-22（85000psi）屈服材料制成，可用于含 H_2S 的油气田开发服务。该系统可配备 24in、26in 或 28in 的辅助套管悬挂器，并在 36in 导体中安装着陆适配器。

STM-15E 型水下井口系统工作水深小于 762m，适合压力等级小于 15000psi 的钻井和完井。井口高压主体采用 F-22（85000psi）屈服材料锻造，可适用于含硫化氢的油气井。STM-15E 系统采用经过现场验证的平行孔金属以金属对金属形式密封。

2）Drill-Quip 公司的 SS 型海洋水下井口装置

SS-20 井口设计适用于 20000psi 和 880 万 lb① 的最终负载能力，标称外径 30in 和 350℉② 温度额定值。SS-15 井口设计适用于 15000psi 和 880 万 lb 的终端负载能力，标称外径 27in 和 300℉ 温度额定值。但就其结构及性能特点而言，共同表现出以下技术特点：①无须额外的钻孔和生产锁定装置；②密封组件提供 200 万 lb 吊架锁定能力，

① 1lb = 0. 453592kg。

② $1℉ = \frac{9}{5} \times 1℃ + 32$。

以抵抗热负荷和压力负荷；③通过减少下入次数显著节省成本；④高负载能力满足 20K 钻机和高温高压井设计的要求；⑤顶部连接提供卓越的结构能力和抗疲劳性。SS 型海洋水下井口装置如图 1.14 所示。

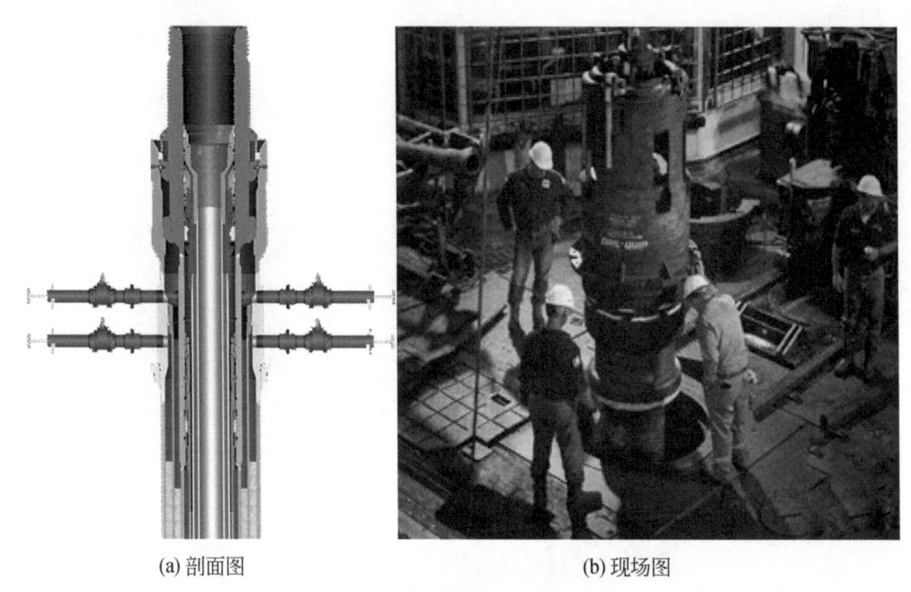

(a) 剖面图　　(b) 现场图

图 1.14　SS 型海洋水下井口装置

3）GE-Vetco Gray 公司的 SG-5 型、MS-700 型海洋水下井口装置

GE-Vetco Gray 公司现有的海洋水下井口装置主要包括 SG-5 型和 MS-700 型两种型号，其结构如图 1.15 所示。

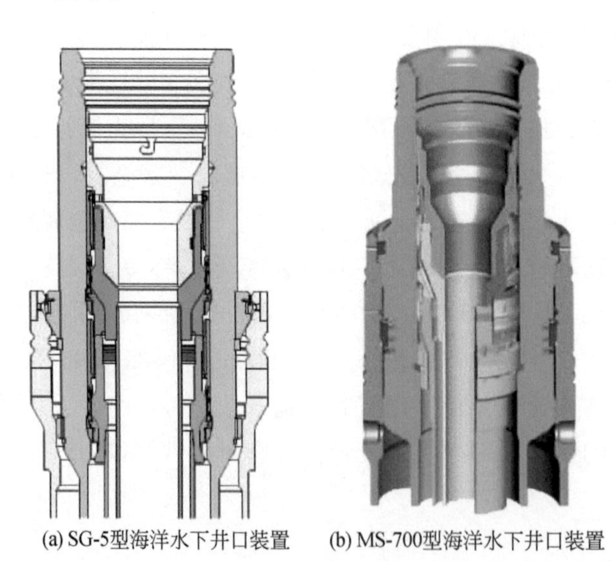

(a) SG-5型海洋水下井口装置　　(b) MS-700型海洋水下井口装置

图 1.15　GE-Vetco Gray 公司的 SG-5 型、MS-700 型海洋水下井口装置（王定亚等，2011）

SG-5型海洋水下井口装置属于该公司早期开发的产品，虽然其结构比较传统，但在全球海洋油气田开发中占有的市场份额和数量较大，大约已开发2000套。其主要技术参数为额定压力69MPa、最大抗弯载荷2000kN·m、高压井口头最大载荷24500kN、最大拉伸载荷227kN。SG-5型海洋水下井口装置主要技术特点是具有346.1mm（13 5/8in）、425.5mm（16 3/4in）和476.3mm（18 3/4in）3种规格的高压井口头，可满足有导向钢丝绳、无导向钢丝绳等钻井工艺及常规钻井和小井眼钻井需要，适用于水下卫星井、水下基盘用多口井、深水水下生产系统井、固定式或张力腿平台用井口回接等多种类型的海底井眼。环空密封总成采用螺纹旋转式安装、金属与橡胶组合结构形式，密封性能可靠。SG-5型海洋水下井口装置的不足是较难适应深水和超深水等作业工况。

MS-700型海洋水下井口装置属于该公司新一代产品，于1991年研制并开始应用，目前已研制约1500套。该产品是在充分考虑深水条件并在有效解决SG-5型海洋水下井口装置不足的基础上开发的，主要技术参数为额定压力103.5MPa、最大抗弯载荷2800kN·m、高压井口头最大载荷32660kN、最大拉伸载荷9070kN。MS-700型海洋水下井口装置结构和性能特点主要表现在高压井口头和低压导管头采用双锥面套装式连接，使得水下井口系统的抗弯能力得到提高，同时环空密封总成采用管柱压入方式和全金属设计，保证了高压条件下的密封设计使用寿命等。

4）FMC公司的UWD型海洋水下井口装置

FMC公司的UWD型海洋水下井口装置开发于1991年，其结构如图1.16所示。目前，该型产品已形成系列化，主要结构形式有标准型、带刚性锁紧预加载型和大通径型等几种，有多个压力等级产品，负载能力较强，环空密封采用金属对金属形式，并配有紧急的橡胶密封，安装时采用重力压入的方式。该水下井口装置可满足勘探井、开发井、平台回接及张力腿平台等各种工作条件。

图1.16　FMC公司的UWD型海洋水下井口装置

5）Aker Kvaerner 公司开发的 SB 型海洋水下井口装置

Aker Kvaerner 公司开发的 SB 型海洋水下井口装置（图 1.17），其主要技术特点如下：①每层套管的重力通过其上部的套管悬挂器直接传递到高压井口内；②每个密封总成所能传递的载荷较大，可达 22680kN；③整个高压井口头承受载荷能力强，为 48530kN；④环空密封总成采用带双向锁紧机构，可以满足高温高产油气井等特殊工况条件。

图 1.17　SB 型海洋水下井口装置

第 2 章　海洋油气井导管钻入安装方法

海洋油气井导管钻入安装方法（简称钻入法）是指用钻头钻出井眼，下入导管并固井的方法，是最早应用于海上油气钻采作业的导管下入技术，该方法适合大多数海底土地层。浅水探井导管安装大多采用钻入法，钻入法在深水钻井中已逐渐被喷射法取代，然而在面对硬质地层时，钻入法仍然是首选方法。钻入法隔水导管施工技术的关键是确定隔水导管的下入深度。

2.1　钻入法安装导管工艺

2.1.1　钻入法安装导管施工工艺

钻入法既适用于水上井口导管安装也适用于水下井口导管安装。水下井口导管施工与水上井口导管施工略有不同，主要差异在于其对井口头出泥高度有明确要求，导管需要安装导向基盘和导管头。

2.1.1.1　水上井口导管施工工艺

由于海洋环境因素，钻入法安装油气导管与陆地钻井表层套管的施工工艺存在较大的差异性，具体工艺可分为导管段钻井、下入导管、固井及安装井口 3 个部分，如图 2.1 所示。

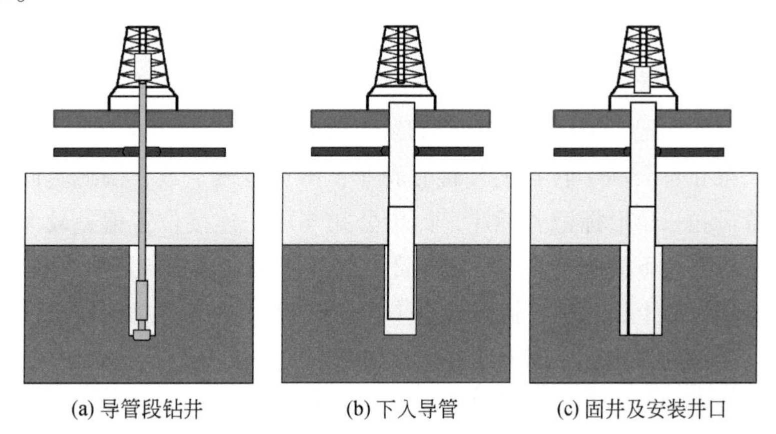

图 2.1　水上井口导管施工工艺流程

水上井口钻入法安装导管的详细施工流程如下。

（1）施工准备。开展钻井工程及其他各种作业的危险辨识、危害评估及安全控制，并制定控制措施；现场监督组作业前要对作业人员进行资格审查；动员拖航小组，起拖前发布航告；平台起拖前，加足燃油、淡水等；钻具、井口设备工具、导管、表层套管、钻井液材料、固井材料等在一开钻井前需在平台就位。

（2）下入 ϕ914. 4mm 井眼钻具。常用钻具组合为 ϕ660. 4mm 钻头+浮阀/承托环+ϕ914. 4mm 扩眼器+ϕ228. 6mm 钻铤 2 根+接头+ϕ203. 2mm 钻铤 7～10 根+接头+加重钻杆。每个接头上扣时，应达到规定的上扣扭矩；下钻到海床附近待平潮开钻。

（3）钻进设计深度后，用海水循环一周，然后泵入不少于 15m^3 的高黏钻井液清扫井眼，观察海底钻屑的返出情况；泵入 1. 5 倍井眼容积的高黏钻井液充满井眼；投入测斜仪，起钻到泥线以下 5～8m 处，回收测斜仪。注意，一般井斜应控制在 1. 0°以内；对于作业时间长的深井、复杂井和高温高压井，井斜应控制在小于 0. 5°。如果井斜超标，并通过划眼等措施仍达不到要求时，应移开原井位 10m 以上重新开钻，静候 30～60min，下钻探沉砂，起钻并严禁用转盘卸扣。

（4）组装 ϕ762mm 隔水导管。组装导管钻台把牛头吊卡卸下，钻台把吊卡用气绞车吊起来拔开销钉，吊卡立置于猫道坡道前，推到位后，不摘气绞车小钩；吊卡正面的方向冲着井口，每次倒吊卡的时候注意吊卡的方向，以免销钉插反脱落，吊车选用合适的绳套，绑好牵引绳；起吊第一根导管上钻台，吊车操作要求稳定，导管送到位后，上提气绞车，吊卡扣合后插好销钉，然后拆气绞车吊卡绳套；游车起到合适位置，然后推绳套和卸扣连接吊卡，连接好后游车上提，吊车慢慢下放，等摘前端绳套；之后气绞车和吊车同时上提，当导管下端高于钻台面时，气绞车刹住，吊车开始缓缓下放，直至导管垂直，快速下放吊车大钩到适合位置。具体流程如图 2. 2 所示。

（5）按顺序下放 ϕ762mm 隔水导管。套绳解开后，开始准备连接第二根导管，下放游车导管进入转盘，同时钻台用气绞车把第二个吊卡放到坡道前；当吊导管的吊卡放到转盘面上以后，摘卸扣；吊车送第二根套管上钻台，扣吊卡穿销钉，摘绳套的操作流程同安装第一根导管；第一根导管连接处须涂抹油，并安装好密封圈、卡簧；在公扣处有一个圆柱标记，用记号笔标记清楚，以便对扣。

上提第二根导管至高于转盘上导管时刹车；吊车缓慢下放，摘绳套同上；导管对接前注意导管母扣三角形标记并标注，如果公扣与母扣连接位置偏差较大，需缓慢转动转盘，位置对正后下放游车；当听到卡簧弹起后慢慢尝试提起导管，提起高度 10cm 左右下放；连接好后上提导管；拔出转盘上吊卡销钉，把吊卡送到坡道前，准备连接下一根导管。后续的连接程序同上，总流程如图 2. 3 所示。

（6）用海水检查浮阀是否畅通。按设计下入隔水导管，注意检查更换损坏的密封环；所有隔水导管接头释放孔用胶塞密封；连接时要确认弹性锁环到位。隔水导管内

(a) 绞车起吊导管　(b) 连接吊卡

(c) 安装吊卡销钉　(d) 连接游车

(e)游车上提导管　(f) 导管垂直转盘面

图 2.2　起吊导管流程

的泥线悬挂器支撑环位于海底泥线以下 2 ~ 3m；对于需要保留井口的井，遥控接头应位于海床以上 2m 左右；如果不使用遥控接头，海底泥线上方的第一个导管接头也应位于海床以上 2m 左右；并且接头上的所有释放孔都应上好释放螺丝。继续下入隔水导管，管鞋进入井眼时，要注意观察悬重变化；最后一根隔水导管的下部接头位置，要避开套管头的安装位置。隔水导管下到位（如遇阻，接循环头冲洗到位）并坐在转盘上。

(a) 下放游车导管进入转盘　(b) 安装导管密封圈及卡簧

(c) 导管母扣三角形标记　(d) 摘导管绳套

(e) 导管对接　(f) 连接完成上提导管

图 2.3　按顺序下放、连接 φ762mm 隔水导管

(7) 检查插入接头，密封后下内管柱，在前两根钻杆接头上安放 1 ~ 2 只 ϕ762mm 的弹性扶正器。插入接头进入导管浮鞋，加压 10 ~ 20kN，导管内灌海水检查插入接头密封状况。若环空液面下降，则说明密封不好，需要重新插入或更换密封圈。导管内管柱和插入接头下入如图 2.4 所示。

(8) 循环海水一周以上后固井，注意控制泵压，使其不超过 800psi。固井作业如图 2.5 所示。在固井泵房检查是否有回流。若无回流，则起出插入接头，循环冲洗干

(a) 导管内管柱

(b) 插入接头下入

图 2.4　导管内管柱和插入接头下入

净；若有回流，应迅速把回流量再泵入井内，然后关回流阀候凝。一旦无回流，应起出插入接头，并循环冲洗干净。候凝时间可根据水泥浆化验结果和现场水泥浆样品凝固情况确定。

(a) 固定固井管柱

(b) 泵入固井液

图 2.5　固井作业

(9) 切割并甩掉多余的导管，根据设计要求安装 ϕ762mm 井口。无浅层气时可安装简易井口参考（董星亮等，2011），如图 2.6 所示，图中的 A 和 E 尺寸根据作业平台的有关尺寸现场决定。如果存在浅层气应安装分流系统，如图 2.7 所示，图中的 A 和 B 尺寸根据平台结构高度确定，并用海水做功能试验。

2.1.1.2　水下井口导管施工工艺

水下井口钻入法安装导管的详细施工流程如下。

(1) 下入 ϕ914.4mm（36in）井眼钻具，钻具组合参考水上井口钻具组合。

(2) 用白色油漆在钻头及以上 1～2m 处作标记，以便于 ROV 观察。

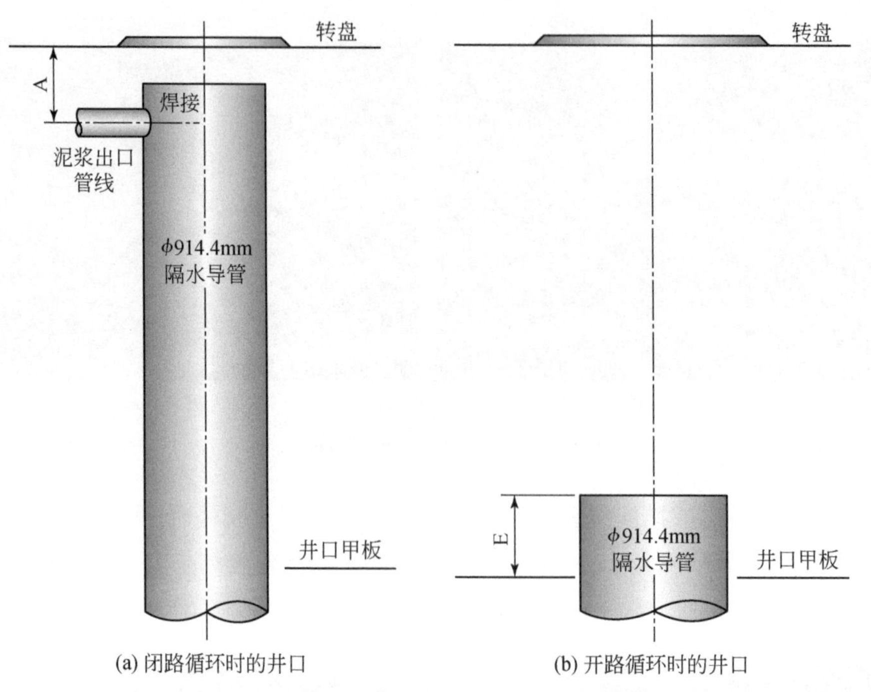

(a) 闭路循环时的井口　　(b) 开路循环时的井口

图 2.6　自升式钻井装置 ϕ762mm（30in）简易井口（董星亮等，2011）

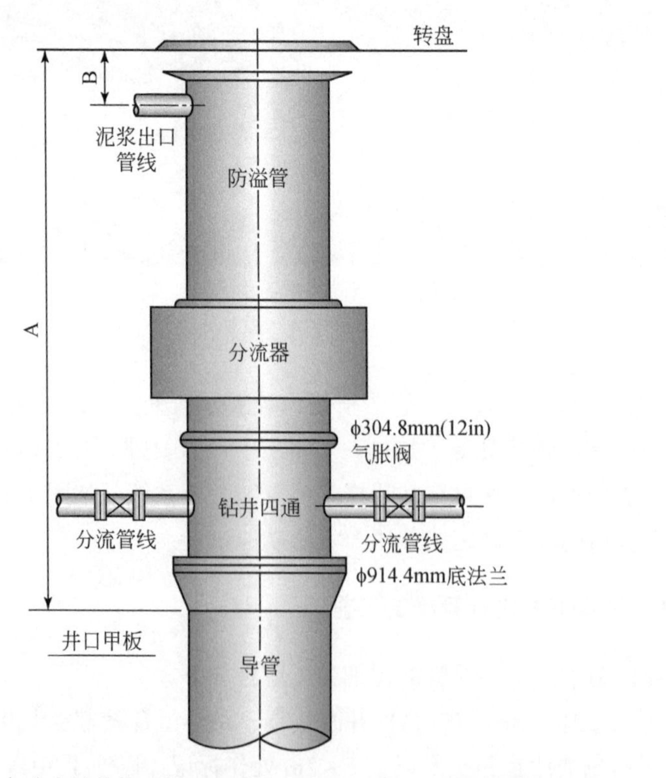

图 2.7　自升式钻井装置装分流器的 ϕ762mm 井口（董星亮等，2011）

（3）当钻头接近海床时（推荐10～30m的距离），要提前打开升沉补偿器，缓慢下放钻柱，并用ROV观测钻头接触海底的情况，测量海底到转盘面的距离。确定导管入泥深度时，要确保导管头位于海床以上的合适位置。导管头顶部在海床上的高度确定原则如下：①对于不保留井口的探井和评价井，其高度一般为2～3m，以便于支撑水下防喷器组而又不会被海底土埋住；②对于有可能保留井口或安装基盘作为生产井的井，其高度一般为4～5m，便于将来套装生产基盘。

（4）钻进施工可参考水上井口施工程序。

（5）水下井口下导管工艺与水上井口施工有较大区别，具体如下：①下浮鞋，用海水检查浮阀是否畅通；②下导管穿过坐放在活动门上的永久导向基盘；③下入导管时，要检查接头密封环，连接时一定要确认弹性锁环到位；④接导管头；⑤下内管柱（普通钻杆），其长度比导管短10～15m；⑥接上送入工具并按厂家要求适当紧扣；⑦用加重钻杆送导管头坐入永久导向基盘内，并上紧卡盘或锁销；⑧打开送入工具上的排气阀，下放导管头进入水面以下，开泵用海水充填导管，直到排气阀有海水喷出，关好排气阀；⑨继续送入导管，提前下入ROV观察，在导管鞋到达海底前，提前打开升沉补偿器，缓慢下导管进入井眼；⑩继续送入导管，直到导管头端面离海底高度达到要求。

（6）固井试压可参考水上井口施工部分。

2.1.2　施工作业注意事项

对于钻入法下隔水导管施工情况，钻头与隔水导管尺寸优化配合主要考虑的因素如下：①隔水导管下入摩阻控制；②隔水导管固井施工时水泥浆量的控制；③隔水导管固井质量控制。

对于钻入法下隔水导管施工，在进入泥面后应控制排量小于30r/min，特别是疏松地层，避免造成井眼过大，待扩眼器进入井眼后逐渐加大排量至正常水平。

对于水下井口，合理的下入深度十分重要，下入深度过浅会导致井口失稳下沉，过深会增加作业时间和成本，甚至可能导致导管下入受阻。

合理固井候凝时间选择原则，主要是取决于固井水泥浆的候凝时间，保证在下一开井眼钻井施工过程中隔水导管能够承受井口施加的载荷，而井口不发生下陷等失稳事故。

2.2　主要装备与设备

钻入法安装油气导管施工中通常选用大直径导管，如36in（914.4mm）、33.5in

(850.9mm)、30in (762mm)、20in (508mm), 壁厚 45mm 或 30mm。钻入法安装导管的主要装备包括驱动系统、旋转系统、起升系统。

2.2.1 驱动系统

顶驱是钻入法安装导管的动力来源，同时还承担旋转、泥浆循环、提升系统、扭矩钳上卸扣等主要功能。起升系统可分为顶驱本身提升和吊卡提升两种。

顶驱包括交流变频马达、钻井水龙头齿轮箱、管子处理器、液压吊卡移动滑车及反扭矩梁等。其中管子处理器包括旋转头、吊环倾斜装置上下阀扭矩钳等；交流变频马达采用 2 台交流变频调速电机作为动力源，经齿轮减速箱增扭后驱动钻柱旋转钻井。扭矩可调交流变频马达和旋转头总成等组成部分连为一体，通过滑车沿导轨上下运动。顶驱系统如图 2.8 所示。

图 2.8　顶驱系统

2.2.2 旋转系统

旋转系统由转盘、水龙头、钻头、钻柱组成。其主要功能是保证在钻井液高压循环的情况下，给井下钻具提供足够的旋转扭矩和动力，以满足破岩的需求。

2.2.2.1 转盘

在正常的钻井状态下，旋转钻进动力主要由顶驱来提供。转盘作为第二级（备用）钻井动力装置，一旦顶驱出现故障，可用转盘来进行钻井作业。

转盘主要由一个液压马达进行驱动，马达通过齿轮箱与小齿轮轴相连，通过小齿轮的旋转来带动安装在转盘底部的大齿轮旋转。转盘可以进行顺时针或逆时针旋转，旋转方向主要是通过安装在转盘盖凹槽里的两个锁紧爪来控制，当锁定一个方向时转盘将会沿着这个方向旋转（图2.9）。

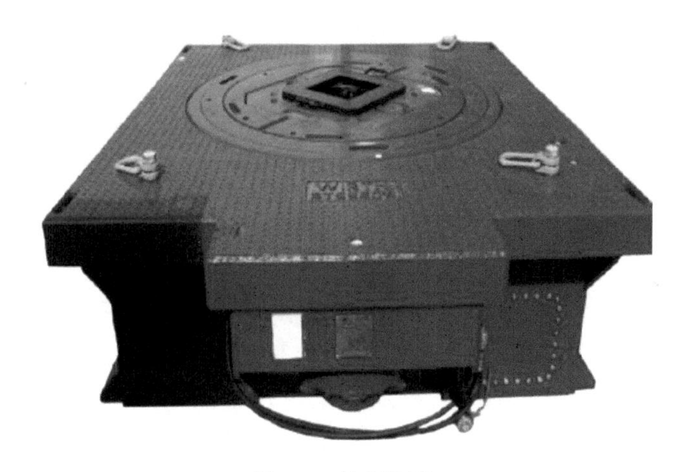

图2.9　转盘装置

2.2.2.2 钻柱

钻入法安装油气导管最重要的旋转工具是钻井钻柱，基本的钻柱组成包括钻头、扩眼器、钻铤、钻杆、扶正器、浮鞋及配套密封圈。以安装36in导管为例，选用的钻井钻柱为26in钻头+36in扩眼器1个、26in钻头盒子1个、8in钻铤1个、6 1/2in钻铤1个、5in加重钻杆1个、导管吊卡套2根、33 1/2in导管吊卡2个、30in导管吊卡2个、卡环4个、33 1/2in扶正器3个、30in导管垫铁1个、30in内管卡盘1个，同时还需配备33 1/2in浮鞋插入头密封垫、33 1/2in导管密封圈、卡簧、30in导管密封圈。钻柱组成如图2.10所示。

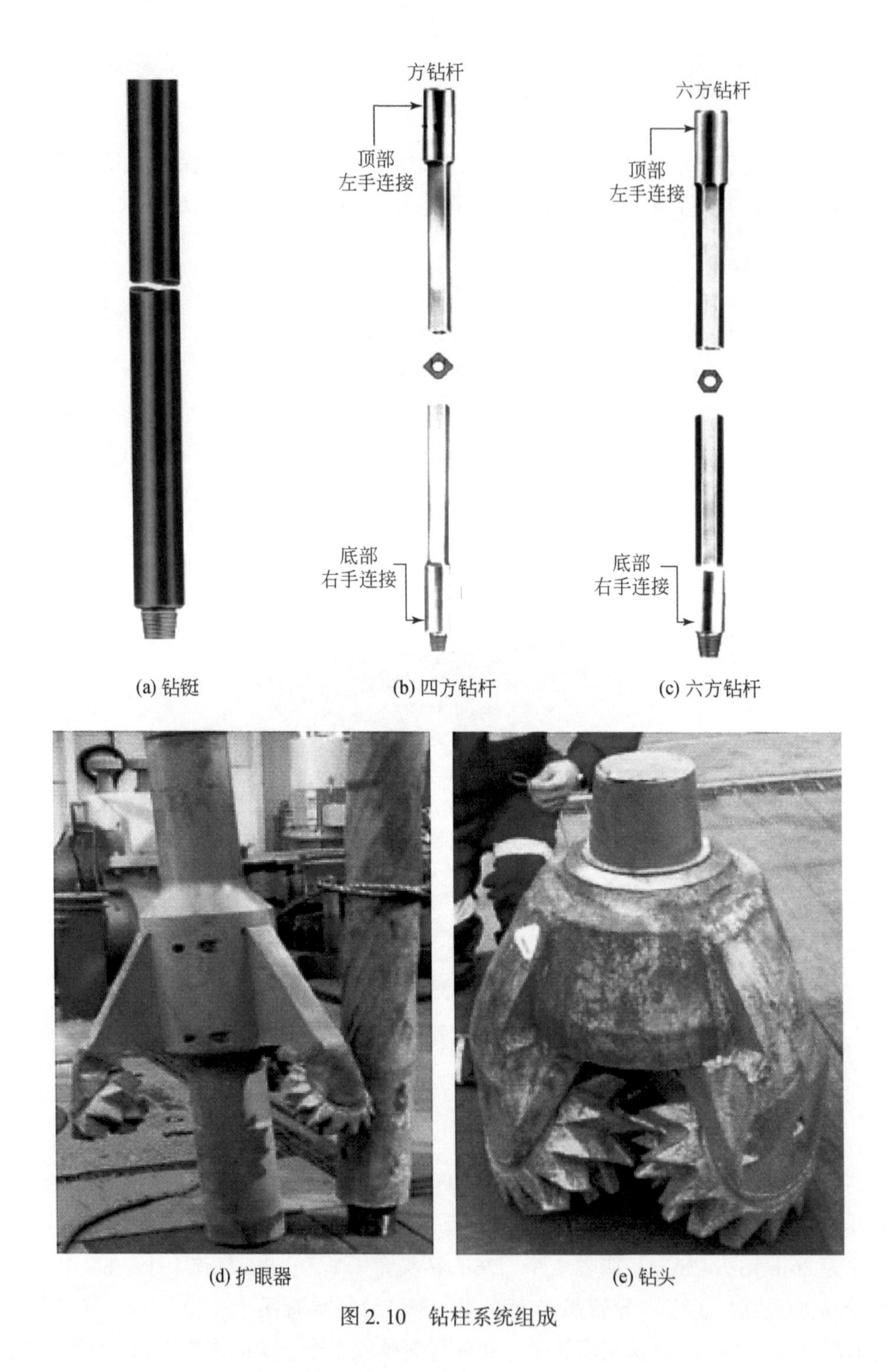

(a) 钻铤　(b) 四方钻杆　(c) 六方钻杆

(d) 扩眼器　(e) 钻头

图 2.10　钻柱系统组成

2.2.3　起升系统

起升系统是必不可少的，一般由钻井井架、绞车、游车、滚筒、卡环和绳套组成，其中，钻井井架、游车、卡环和绳套如图2.11所示。起升系统一般具备以下功能：

（1）下放、悬吊或起升钻柱、套管柱和其他井下工具进、出井眼；

（2）起下钻、接单根和钻进。

(a) 钻井井架

(b) 游车

(c) 卡环和绳套

图2.11　起升设备

2.2.4　井口及井下工具

为实现钻杆及导管上卸扣和下入需要多个井口及井下工具辅助配合。

1）井口工具

井口工具包括导管吊卡、吊环、卡盘及卡瓦、导管垫铁、转盘补心、导管头密封等（图2.12）。导管吊卡用于套管、油管、钻铤等带台肩管串的坐落固定；吊环是钻

(a) 导管吊卡　(b) 吊环　(c) 卡盘及卡瓦　(d) 导管垫铁　(e) 转盘补心　(f) 导管头密封

图2.12　井口工具

柱必需的提升工具；卡瓦具体包括套管卡瓦、油管卡瓦、钻杆卡瓦、钻铤卡瓦，有手动式和气动式。

2）井下工具

井下工具包括震击器、浮阀、浮箍浮鞋、水力割刀、刮管器、公（母）锥、卡瓦打捞筒、安全接头、套管捞矛、接头等。部分工具如图 2.13 所示。

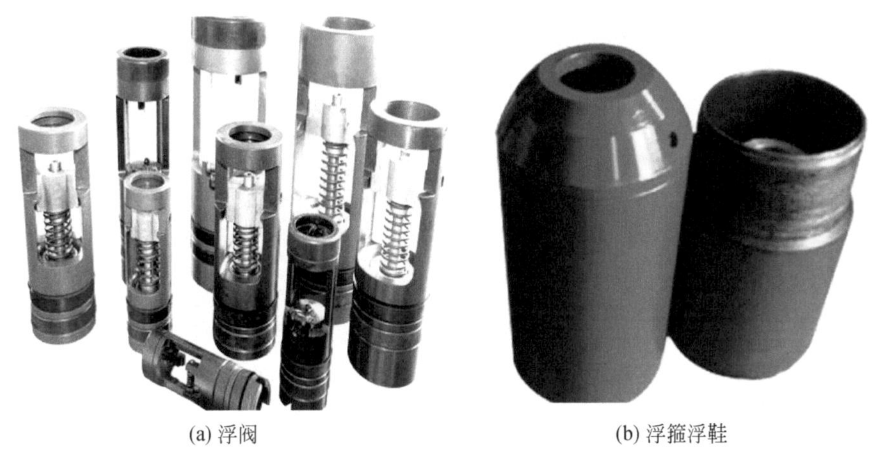

(a) 浮阀　　(b) 浮箍浮鞋

图 2.13　井下工具

2.3　导管合理下入深度设计

2.3.1　油气井导管载荷分析

油气井导管安装原则为导管下入深度设计提供依据。导管下入深度下限的确定原则：首先，导管受到土体作用的有效承载力要大于作业的要求；其次，要满足井控作业要求，包括安装分流器、防喷器及井控压井作业等。导管下入深度上限的确定原则遵循经济性原则，同时，还需避免同一裸眼井段存在两套压力体系和漏、喷、塌、卡等复杂情况并存。海洋钻井中海底结构物的稳定性来源于海底土提供的承载力，因此，准确设计海底土的极限承载力对采用钻入法安装导管至关重要。

根据钻入法安装导管的施工工艺，钻开井眼后下入导管，导管的重量由大钩来承担，然后进行固井作业，待水泥候凝结束，释放导管重量。因此，钻入法安装导管工艺的导管纵向载荷是固井后导管和水泥环的组合体与周围土层的胶结作用产生的。

要建立合理的导管承载力及下入深度计算模型，就必须考虑井口载荷、导管尺寸、井眼尺寸（水泥环外径）、导管自重、水泥环重量、水泥环与海底土的胶结力、海底土性质等影响因素。影响隔水导管下入深度的主要因素是导管轴向载荷的大小，其轴向载荷通常是由 4 部分组成的，分别是侧壁摩擦力 N_f、底部阻力 $N_下$、上部井口载荷 $N_上$ 和自重 $W_{自重}$，如图 2.14 所示。

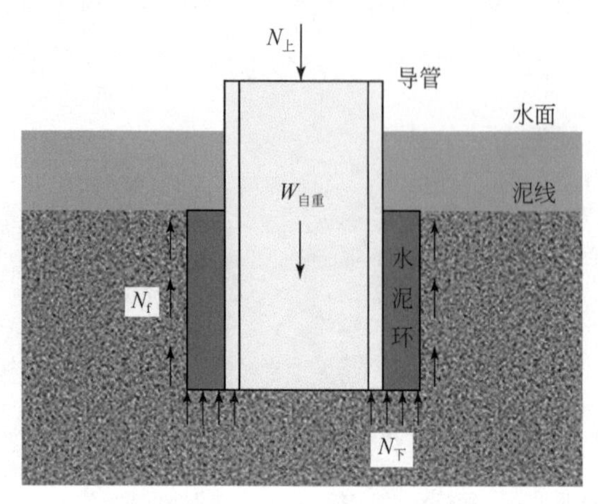

图 2.14　隔水导管的下入受力示意图

2.3.2　油气井导管底部极限承载力计算模型

导管底部与海底土接触的作用模型如图 2.15 所示，地基土底部承载力为导管承受的浮力与海底土的理论承载力之和：

$$q_0 = q_u + \gamma D \tag{2.1}$$

式中，q_0 为海底土底部承载力，t；q_u 为海底土的理论承载力，t；γ 为导管排开土体的浮容重，t/m^2；D 为导管插深，m。

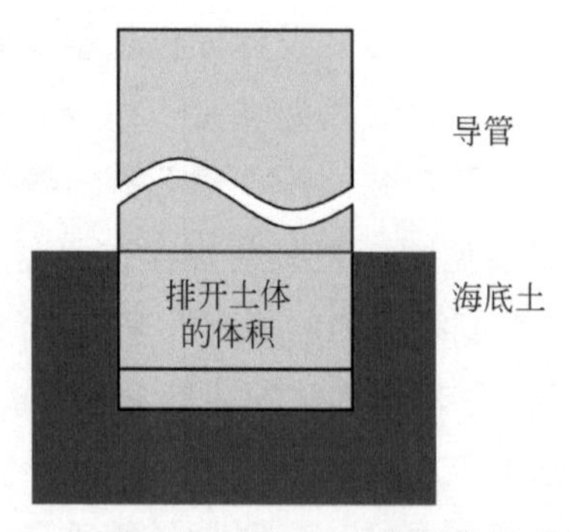

图 2.15　导管底部与海底土接触作用示意图

常见的海底土层大致可以分为黏性土层、砂性土层和成层土三种，下面介绍不同土体性质的承载力计算模型。

2.3.2.1　黏性土层的极限承载力计算

由 Skempton 模型（Skempton，1951）可导出如下公式：

$$Q_u = N_c S_u A + \gamma V \tag{2.2}$$

其中

$$N_c = 6\left(1 + 0.2\frac{D_1}{m}\right) \geqslant 9$$

式中，Q_u 为黏性土层的极限承载力，t；N_c 为承载系数，它是导管埋深和导管尺寸的函数；S_u 为导管底部断面下导管半径范围内土壤的平均不排水抗剪强度，t/m^2；D_1 为计算断面至海底泥面的深度，m；A 为计算断面的面积，m^2；m 为导管的直径，m；V 为导管排开土的体积，m^3；γ 为导管排开土体的浮容重，t/m^3。

导管承载力计算简图如图 2.16 所示。

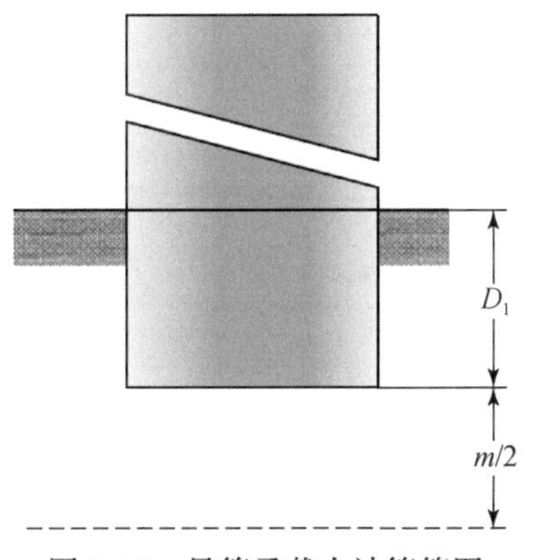

图 2.16　导管承载力计算简图

一般的软黏土、黏土、粉砂质黏土及砂质黏土，在计算其极限承载力时，均将其看作黏土，只考虑抗剪强度，不考虑内摩擦角。经过整理可得出：

$$Q_u = 6\left(1 + 0.2\frac{D_1}{m}\right) S_u A + \gamma V \tag{2.3}$$

式（2.3）中，$\frac{D_1}{m} < 2.5$；S_u 为一个常数。若导管计算断面下 $2/3D_1$ 内的土壤抗剪强度变化达±50%时，此式不适用，可作为成层土来考虑。

2.3.2.2　砂性土层的极限承载力计算

对于黏土质砂、砂和砂砾等砂性物质，在计算极限承载力时一般只考虑内摩擦角，不考虑内黏聚力。由 Terzaghi 和 Peck 公式承载力计算模型可得出侧向摩擦阻力 f_u 和端部极限阻力 q_u 如下。

黏性土：

$$\left.\begin{aligned} f_u &= \alpha S_u \\ q_u &= N_q S_u \end{aligned}\right\} \tag{2.4}$$

砂性土：

$$\left.\begin{aligned} f_u &= N_r \sigma_v \tan\varphi \\ q_u &= N_r P_o \end{aligned}\right\} \tag{2.5}$$

式中，N_q、N_r 为承载力系数，是内摩擦角 φ 的函数，可从表 2. 1 查得；S_u 为黏土抗剪强度，kPa；σ_v 为上覆岩层压力，kPa；P_o 为砂土强力，kPa。

表 2. 1　承载力系数推荐值

修正的 Terzaghi 公式承载力系数（日本）				Terzaghi 和 Peck 公式承载力系数（API）			
φ/(°)	N_c	N_r	N_q	φ/(°)	N_c	N_r	N_q
0	5. 3	0. 0	1. 0	0	5. 14	0. 00	1. 0
5	5. 3	0. 0	1. 4	5	6. 40	0. 45	1. 56
10	5. 3	0. 0	1. 9	10	5. 33	1. 22	2. 74
15	6. 5	1. 2	2. 9	15	10. 57	2. 65	3. 94
20	7. 9	2. 0	3. 9	20	14. 81	5. 38	6. 39
25	9. 9	3. 3	5. 6	25	20. 71	10. 87	10. 66
28	11. 4	4. 4	7. 1	30	30. 14	22. 4	15. 40
32	20. 9	16. 6	14. 1	35	46. 11	45. 02	33. 29
36	42. 2	30. 5	31. 6	40	75. 31	109. 40	64. 19
40	95. 7	114. 0	81. 2	45	133. 87	271. 74	134. 87
45	172. 3	—	173. 3	50	266. 87	762. 84	319. 05
50	347. 1	—	414. 7	—	—	—	—

2. 3. 2. 3　成层土的极限承载力计算

成层土的承载力计算，一般分为两种情况：①硬黏土层下（有限厚度）有很软弱的黏土层；②砂层下（有限厚度）有软弱的黏土层。

针对这两种条件，可不考虑软弱的黏土层影响，将导管看作一个简易的圆形桩。

承载力计算可使用如下模型：

$$\sigma_0 + \sigma_{CH} \leqslant R_i \tag{2.6}$$

其中

$$\sigma_0 = \frac{m/2\ (\sigma + \sigma_C)}{\pi/4\ (m/2 + 2H\tan\theta)^2}$$

式中，σ_0 为软层顶面的附加应力，t/m^2；σ_C 为导管底面处土的自重压力，t/m^2；σ 为导管底面压力，t/m²；σ_{CH}为导管底面以下深度 H 处土的自重压力，t/m²；m 为导管的直径，m；H 为导管底面至软层顶面的距离，m；R_i 为软层顶面地基土的极限承载力，t/m²；θ 为地基的压力扩散角,°。当土层为砂砾、粗砂、中砂、老黏土时，取 $\theta=30°$；当 $H\leqslant 1/4m$ 时，可按 $\theta=0°$来计算。

砂层下面有软弱黏土层时的计算简图如图 2.17 所示。

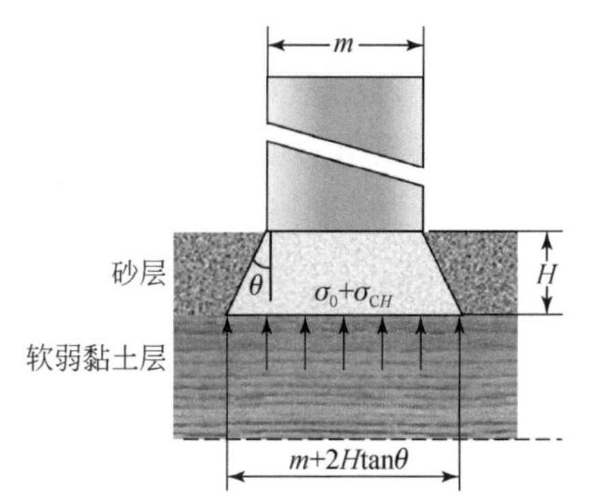

图 2.17　砂层下面有软弱黏土层时的计算简图

当硬黏土层覆盖在软黏土层上时，由 Brown 和 Meyerhof（1969）提出地层极限承载力计算公式为

$$Q_u=3S_{UT}A\frac{H'}{m}+6S_{UB}A+\gamma V \tag{2.7}$$

式中，Q_u 为地层的极限承载力，t；m 为导管的直径，m；H'为硬黏土层厚度，m；A 为导管的横截面积，m²；S_{UT}为硬黏土层的不排水抗剪强度，t/m²；S_{UB}为软黏土层的不排水抗剪强度，t/m²；V 为导管排开土的体积，m³。

上为硬黏土层下为软黏土层的计算简图如图 2.18 所示。

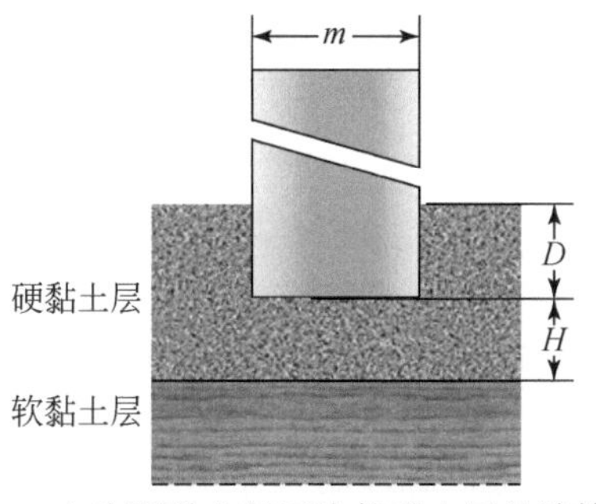

图 2.18　上为硬黏土层下为软黏土层的计算简图

当上为砂层下为软黏土层时［如图 2.19（a）所示］，由 Hanna 和 Meyerhof（1980）提出的极限承载力计算模型可得出如下公式：

$$Q_u=\left[6S_U+\frac{2\gamma'_1H^2}{m}\left(1+\frac{2D}{H}\right)K_S\tan\varphi\right]A+\gamma V \tag{2.8}$$

当导管插入为如图 2. 19（b）所示的形式时，计算公式变为

$$Q_u=\left[6S_U+\frac{2HK_S\tan\varphi}{m}(\gamma'_1H+2\gamma'_2D)\right]A+\gamma V \tag{2.9}$$

式中，S_U 为导管底部断面下导管半径范围内黏土的平均不排水抗剪强度，t/m²；φ 为砂性土的内摩擦角，是一个抗剪强度参数，可由土样做剪切试验求得破坏时的剪应力，然后根据库仑定律确定，°；D 为导管入泥深度，m；m 为导管的直径，m；H 为导管有效面积下砂层的厚度，m；γ'_1 为砂土的浮容重，t/m³；γ'_2 为导管计算断面以上至海底泥面之间平均浮容重，t/m³；A 为导管计算断面的面积，m²；K_S 为冲剪系数，是 K_U、δ/φ、q_1/q_2 的函数，δ 为导管与砂性土的摩擦角，一般可取 $\delta=\varphi-5°$，q_1/q_2 为黏土层和砂层基础承载力的比率，一般$\frac{q_2}{q_1}=\frac{10S_U}{\gamma mN_r}$，$N_r$ 为垂向载荷。

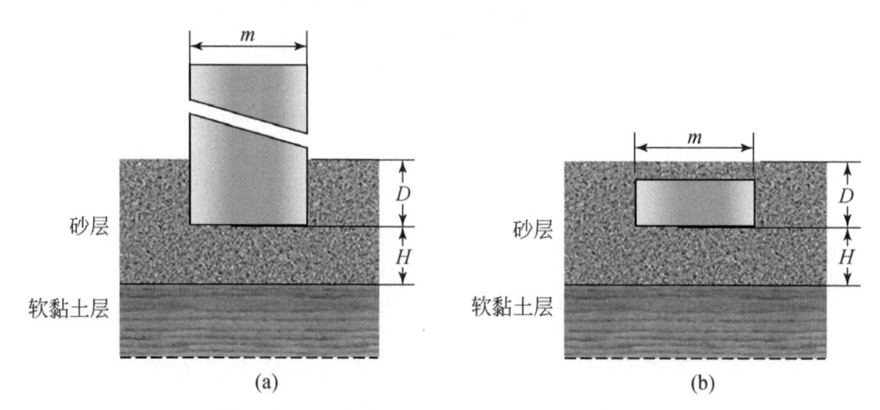

图 2. 19　上为砂层下为软黏土层的计算简图

当黏性土覆盖在砂性土之间时，地层极限承载力计算如下：

$$Q_u=6AS_U\left[1+0.2+\frac{D'}{m+2H\tan\varphi}\times\frac{m+2H\tan\varphi}{m}\right]+\gamma V \tag{2.10}$$

式中，Q_u 为地层的极限承载力，t；S_U 为临界平均不排水剪切强度，由设计井位处井场调查钻井取心的土样经剪切试验得出，t；φ 为砂性土的内摩擦角，是一个抗剪强度参数，可由土样作剪切试验求得破坏时的剪应力，然后根据库仑定律得到，°；H 为导管有效面积下砂层的厚度，m；D'为黏土层至海底泥面的厚度，m。

2. 3. 2. 4　用应力扩散传递法计算地层极限承载力

上为硬黏土层下为软黏土层的成层土承载力还可以用应力扩散传递法进行计算。图 2. 20 是应力以 1∶3 的斜率扩散的，在软黏土层表面形成一个假想的基础，其承载力为

$$Q_f=A_fS_{UB}N_{cf} \tag{2.11}$$

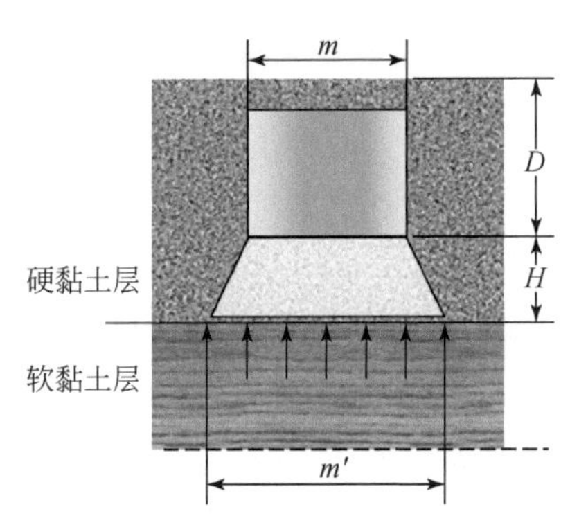

图 2.20　应力扩散传递法计算简图

而实际导管下面海底土基础的承载力为

$$Q_f = AS_{UT}N_m \tag{2.12}$$

在平衡条件下，式（2.11）和式（2.12）应相等，即

$$A_fS_{UB}N_{cf} = AS_{UT}N_m \tag{2.13}$$

$$N_m = \frac{A_f}{A}\frac{S_{UB}}{S_{UT}}N_{cf} \geqslant N_c \tag{2.14}$$

$$\frac{A_f}{A} = \left[1 + \frac{2}{3}\cdot\frac{H}{m}\right] \tag{2.15}$$

$$N_{cf} = 6\left[1 + 0.2\left(\frac{H+D}{m+\frac{2}{3}H}\right)\right] \tag{2.16}$$

$$N_m = 6\frac{S_{UB}}{S_{UT}}\left[1 + \frac{2}{3}\frac{H}{m}\right]^2\left[1 + 0.2\left(\frac{H+D}{m+\frac{2}{3}H}\right)\right] \geqslant 6\left(1 + 0.2\frac{D}{m}\right) \tag{2.17}$$

式中，S_{UT}为硬黏土层不排水抗剪强度，t/m^2；S_{UB}为软黏土层不排水抗剪强度，t/m^2；N_m 为实际基础的综合承载力系数；A 为实际基础的断面积，m^2；A_f 为假想基础的断面积，m^2；N_{cf}为假想基础的承载力系数；m、m'、H 和 D 如图 2.20 所示。

经归纳整理可知，最后的计算公式为

$$\begin{aligned} Q_u &= Q_m + \gamma V \\ &= 6\frac{S_{UB}}{S_{UT}}\left[1 + \frac{2}{3}\cdot\frac{H}{m}\right]\left[1 + 0.2\left(\frac{H+D}{m+\frac{2}{3}H}\right)\right]S_{UT}A + \gamma A \end{aligned} \tag{2.18}$$

至于应力扩散斜率的选择，可视硬黏土层的性质和强度值的大小而定，也可用 1 : 2 或 1 : 4。据 Hansen（2001）阐述的美国 McClelland 公司的经验，使用 1 : 2 和 1 : 3 的情况比较多。

2.3.2.5　导管下入两种土层交界处的情况

在实际工作中往往会碰到导管下入两种土层交界处的情况，如图2.21所示。其计算方法可根据上、下土层的性质分别计算各自的极限承载力，然后相加：

$$q_u A = q_{u1}(A - A_2) + q_{u2}A_2 \tag{2.19}$$

式中，A为导管的横截面积，m^2；A_2为在两交界面上的导管桩截面积，m^2；q_{u1}、q_{u2}为用Skempton公式计算的上、下土层的极限承载力，t/m^2；q_u为导管总承载力，t/m^2。

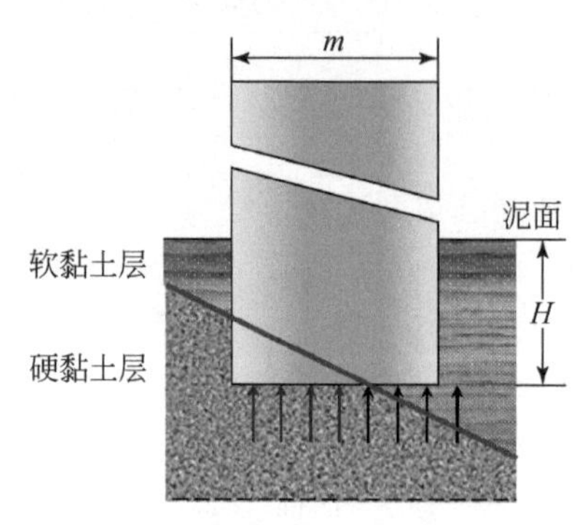

图2.21　导管计算断面位于土层交界面上的计算简图

若下面为砂性土，应用Terzaghi和Peck公式计算：

$$q_{u2} = 0.3\gamma_m N_r + \gamma_m D N_q \tag{2.20}$$

式中，N_q、N_r为承载力系数，查表2.1可得。

2.3.3　油气井导管侧向摩擦力计算模型

对于钻井隔水导管与周围海底土之间的摩擦力，可分为两种情况考虑：一是当隔水导管与外面水泥浆固结良好时，只考虑隔水导管和水泥环一体与周围海底土之间的摩擦力影响，即第一胶结面强度；二是当隔水导管与外面水泥浆固结质量欠佳时，考虑隔水导管与水泥浆和海底土的共同固结作用影响，即第二胶结面强度。

我们采用室内试验的方法，模拟了30in隔水导管与水泥环固结强度随时间变化的关系，如图2.22所示。

隔水导管与水泥环之间的单位面积摩擦力随着时间的变化规律如下：

$$\tau = 0.0181\ln t - 0.0277 \tag{2.21}$$

式中，t为导管柱与水泥环之间的相互作用时间，h；τ为导管柱与水泥环之间的单位面积摩擦力，MPa。

同样采用试验的方法模拟了水泥浆与海底土胶结强度随时间变化的关系，如图2.23所示。

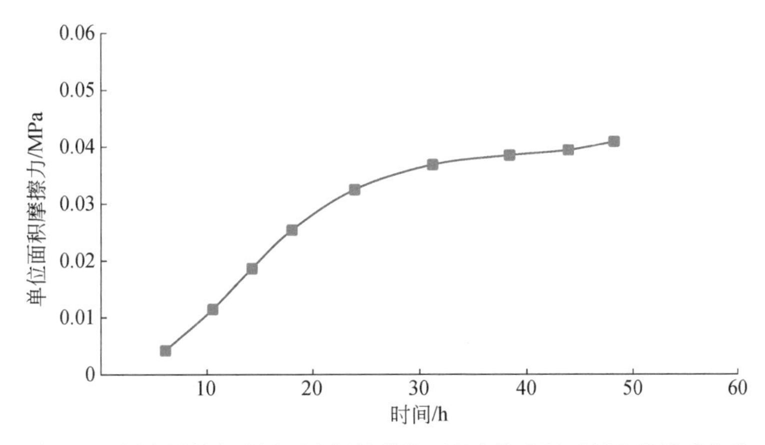

图2.22 隔水导管与水泥环之间的单位面积摩擦力随时间变化关系曲线

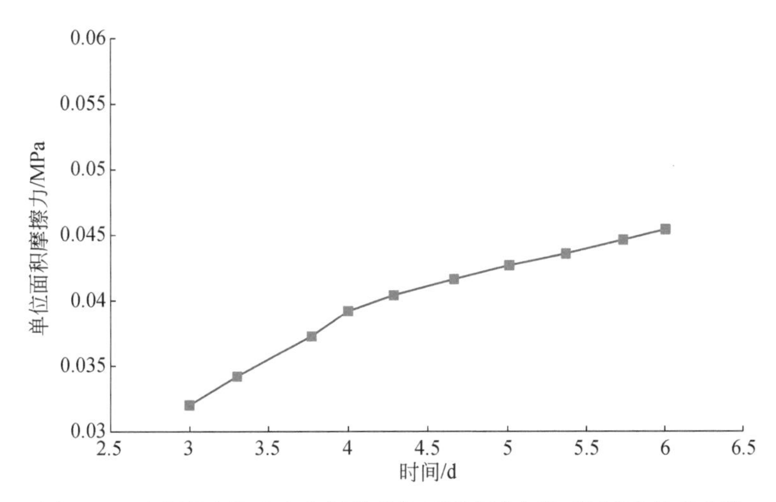

图2.23 水泥浆与海底土之间的单位面积摩擦力随时间变化关系曲线

水泥浆与海底土之间的单位面积摩擦力随时间的变化规律可用式（2.22）表示：

$$\tau = 0.0191\ln t - 0.0117 \tag{2.22}$$

图2.24是第一、第二胶结面强度随时间变化对比曲线，从结果可以看出，固结良好的水泥环与表层套管形成的第一胶结面强度要大于表层套管与土壤第二胶结面强度。

因此，在计算海底土壤对表层套管承载力时可以将水泥环和套管作为一个整体来计算，把水泥环的重量作为表层导管承受的一个载荷。

$$F = \alpha\pi D_{\text{cement}} L_{\text{casing}} \tau \tag{2.23}$$

式中，F 为土壤对表层套管的侧向摩擦力，N；D_{cement} 为水泥环外径，m；L_{casing} 为表层套管下深减去表层导管下深，m；τ 为海底土与水泥浆之间的单位面积摩擦力，N；α 为安全系数。

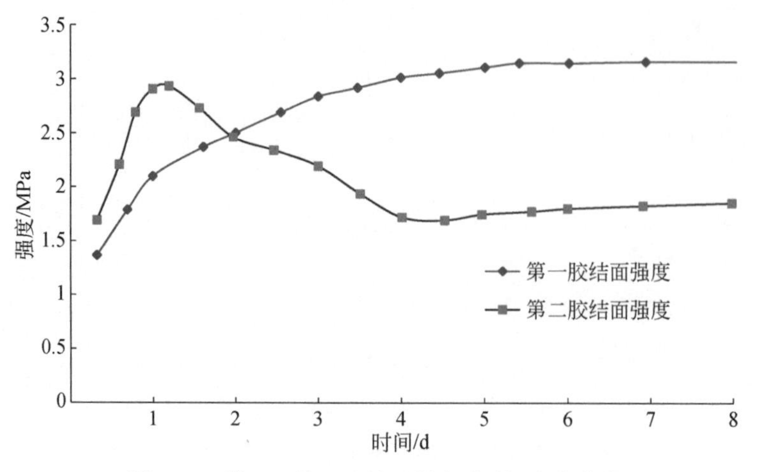

图 2.24　第一、第二胶结面强度随时间变化曲线

根据上述两种情况下隔水导管侧向摩擦力计算结果，可以分别计算出两种状态下隔水导管下入深度范围。在现场实际施工过程中，可根据现场施工条件选择合理的钻井隔水导管下入深度。

2.3.4　油气井导管合理下入深度计算方法

2.3.4.1　导管最小下入深度

根据油气导管的受力情况，在竖直方向上的受力平衡方程为

$$\left.\begin{aligned} N_{上} + W_{重} &= N_{下} + N_{f} \\ W_{重} &= A(L_{1}f_{浮} + H)\gamma_{钢} \end{aligned}\right\} \tag{2.24}$$

式中，$N_{上}$ 为上部导管受到的轴向载荷，kN；$W_{重}$ 为导管和水泥环的重量，kN；L_1 为导管在泥面以上的长度，m；H 为导管在泥面以下的下入深度，m；$f_{浮}$ 为导管在钻井液中的浮力系数；A 为水泥环和导管组合体的横截面积，m^2；$\gamma_{钢}$ 为导管钢材的重度，t/m^3；$N_{下}$ 为导管底部受到的海底土的承载力，kN；N_f 为导管侧向受到的摩擦力，kN。

只有当 $N_{上}+W_{重} \leqslant N_{下}+N_f$ 时，隔水导管才能够保持稳定，而不造成失稳下陷的现象。

使油气井导管保持稳定的条件是：

$$N_{上}+W_{重} \leqslant N_{下}+N_{f} \tag{2.25}$$

由此可以导出：

$$N_{上} + A(L_{1}f_{浮} + H)\gamma_{钢} \leqslant N_{下} + \pi mHf \tag{2.26}$$

$$N_{上} + \frac{\pi}{4}[m^2 - (m - 2\delta)^2](L_{1}f_{浮} + H)\gamma_{钢} \leqslant N_{下} + \pi mHf \tag{2.27}$$

$$N_{上} - N_{下} + \frac{\pi}{4}[m^2 - (m - 2\delta)^2]\gamma_{钢}(L_1 f_{浮}) \leqslant \pi m H f - \frac{\pi}{4}[m^2 - (m - 2\delta)^2]H\gamma_{钢} \tag{2.28}$$

整理可得

$$H > \frac{N_{上} - N_{下} + \frac{\pi}{4}[m^2 - (m - 2\delta)^2]\gamma_{钢}(L_1 f_{浮})}{\pi m H f - \frac{\pi}{4}[m^2 - (m - 2\delta)^2]\gamma_{钢}} \tag{2.29}$$

式中，δ 为导管的壁厚，m；m 为导管的外径，m；f 为导管的侧壁单位摩擦力，t/m^2。

根据式（2.29）可以得出，油气井导管的下入深度与导管侧向受到的摩擦力、上部导管受到的轴向载荷、导管底部的载荷、导管在钻井液中的浮力系数和导管的壁厚有关。因为导管的壁厚、浮力系数和直径通常是确定的，所以导管的入泥深度只与导管侧向受到的摩擦力、底部的载荷和上部导管受到的轴向载荷有关系。

根据海底土的极限承载力分析，海底土的极限承载力就是导管的底部受到的最大载荷，因此可以根据不同地层的极限承载力大小，计算出导管的最小下入深度。

假设导管内流体循环没有压破导管鞋处地层，即导管鞋处的流体液柱压力小于导管鞋处的地层破裂压力，将海底土的极限承载力代入式（2.29）可以求出导管在不同地层的最小入泥深度 H_{min}，即

$$H_{min} > \frac{N_{上} - N_{地极承} + \frac{\pi}{4}[m^2 - (m - 2\delta)^2]\gamma_{钢} L_1 f_{浮}}{\pi m H f - \frac{\pi}{4}[m^2 - (m - 2\delta)^2]\gamma_{钢}} \tag{2.30}$$

式中，$N_{地极承}$为土体的极限承载力，N。

其中，f 与导管和固井水泥浆胶结强度，以及水泥浆与海底土之间的胶结强度有关。

从式（2.30）可以看出，在井口载荷和底部阻力一定的情况下，导管下入深度与侧向摩擦力关系密切。

我们根据钻入法下导管实际作业的海底土参数和钻井参数进行分析建模，得到了海底土与水泥环之间的胶结力 F_s：

$$F_s = a_1(c + b_1 tg\varphi) \cdot \ln b_2 t \cdot q^{a_2 T} \cdot D_s^{a_3 h} \tag{2.31}$$

式中，F_s 为水泥环与海底土之间的胶结力，kN；a_1、a_2、a_3、b_1、b_2 为水泥环与海底土胶结性系数，通过试验测定；g 为水泥动剪切系数；c 为海底土的黏聚力，MPa；φ 为海底土的内摩擦角，°；h 为海底土的埋深，m；t 为导管固井候凝时间，h；T 为固井时的井下水泥浆温度，℃；D_s 为井眼直径，m；q 为水泥石强度，MPa。

2.3.4.2　考虑导管鞋处地层冲刷影响的导管最小下入深度计算方法

当钻井导管下入后，在后面钻井施工时，导管底部管鞋处受钻井液冲刷，就会失

去管鞋处地层的支撑，底部承载力丧失，因此必须考虑这种情况下导管最小入泥深度的计算。

当导管底部管鞋处受钻井液冲刷后，导管底部只受到向上的钻井液压力的影响，这时导管的最小入泥深度可以采用以下模型进行计算。

依据轴向受力的平衡方程，整理后可得

$$H_{\min} > \frac{N_{上} + \frac{\pi}{4}[m^2 - (m - 2\delta)^2]\gamma_{钢} L_1 f_{浮}}{\pi m H f - \frac{\pi}{4}[m^2 - (m - 2\delta)^2]\gamma_{钢}} \tag{2.32}$$

在钻井时导管的底部被钻开，可认为导管底部不受地层支持，在导管最小下入深度计算时建议选用该公式。

2.4　应用案例分析

2.4.1　油田基本信息

案例井选取中国南海海域某开发井 A。作业水深为 100 ~ 103m，环境温度最高 35℃，最低-5.2℃，土质强度中到硬。油气田海上工程地质调查报告书提供的海底土特性参数见表 2.2。

表 2.2　A 井海底土特性参数表

层名	土质描述	深度		有效重度/(kN/m³)	设计抗剪强度	单位表面摩擦力/kPa	单位桩端承载力/MPa
		层顶/m	层底/m				
1	密实的细砂	0.0	—	9.2	$\delta=20°$，$f_{max}=67.0$kPa	0	0.00
		—	3.0	9.2	$N_q=12$，$q_{max}=2.9$MPa	8	0.33
		3.0	—	9.6	$\delta=30°$，$f_{max}=96.0$kPa	13	1.10
		—	9.3	9.6	$N_q=40$，$q_{max}=9.6$MPa	41	3.52
2	中密实的粉质细砂	9.3	—	9.2	$\delta=25°$，$f_{max}=81.0$kPa	33	1.76
		—	15.7	9.2	$N_q=20$，$q_{max}=4.8$MPa	55	2.94
3	稍硬的粉质黏土	15.7	—	9.0	40kPa	38	0.36
		—	17.0	9.0	40kPa	40	0.36
4	中密实到密实的粉质细砂	17.0	—	9.2	$\delta=30°$，$f_{max}=96.0$kPa	73	6.35
		—	22.3	9.2		96	8.29
		—	25.8	9.2	$N_q=40$，$q_{max}=9.6$MPa	96	9.60
		—	27.0	9.2		96	9.60

续表

层名	土质描述	深度		有效重度/(kN/m^3)	设计抗剪强度	单位表面摩擦力/kPa	单位桩端承载力/MPa
		层顶/m	层底/m				
5	硬的粉质黏土	27.0	—	9.1	55kPa	55	0.50
		—	29.2	9.1	70kPa	69	0.63
6	中密实到密实的粉质细砂	29.2	—	9.2	$\delta=30°$，$f_{max}=96.0$kPa	96	9.60
		—	46.6	9.2	$N_q=40$，$q_{max}=9.6$MPa	96	9.60
7	中密实的砂质粉土和粉土	46.6	—	9.1	$\delta=20°$，$f_{max}=67.0$kPa	67	2.90
		—	50.4	9.1	$N_q=12$，$q_{max}=2.9$MPa	67	2.90
8	硬的粉质黏土与中密实的砂质粉土叠层/互层	50.4	—	9.4	$\delta=25°$，$f_{max}=81.0$kPa	81	1.17
		—	59.2	9.4	Clay EB，$S_u=130$kPa	81	1.17
9	硬到坚硬的粉质黏土	59.2	—	9.6	130kPa	130	1.17
		—	106.9	9.6	260kPa	256	2.34
10	中密实到密实的砂质粉土	106.9	—	9.1	$\delta=25°$，$f_{max}=81.0$kPa	81	4.80
		—	119.4	9.1	$N_q=20$，$q_{max}=4.8$MPa	81	4.80
11	密实的细砂	119.4	—	9.6	$\delta=30°$，$f_{max}=96.0$kPa	96	9.60
		—	131.8	9.6	$N_q=40$，$q_{max}=9.6$MPa	96	9.60
12	中密实到密实的砂质粉土	131.8	—	9.1	$\delta=25°$，$f_{max}=81.0$kPa	81	4.80
		—	140.5	9.1	$N_q=20$，$q_{max}=4.8$MPa	81	4.80

注：单位表面摩擦力按API标准计算得出，对黏性土和粒状土，其抗拉和抗压时的单位表面摩擦力相同；单位桩端承载力按API标准计算得出；δ为粒状土的设计桩-土摩擦角；f_{max}为最大摩阻力；N_q为承载力系数；q_{max}为端面承载力；S_u为不排水抗剪强度；Clay EB为桩端阻力按黏性土计算。

A井表层导管采用钻入法施工，先钻26in井眼，然后下入24in隔水导管和20in表层导管组合，采用套管变扣连接两种尺寸套管。

井身结构如图2.25所示，24in隔水导管设计入泥深度为44m，20in套管设计入泥深度304m，在泥面以下222m处可能存在漏失，因此固井水泥按最恶劣情况考虑只返到泥线以下222m处。套管自重110t，井口稳定计算时，井口载荷取值采用270t。

2.4.2　油气井导管合理入泥深度设计

钻井表层导管固井水泥返至泥面，这将大大提高隔水导管和井口的承载能力。从安全角度出发，在计算24in和20in套管极限承载力时，将套管外径扩大至26in，根据2.3.2节的计算模型求得该油气田海底土极限承载力，如图2.26所示。

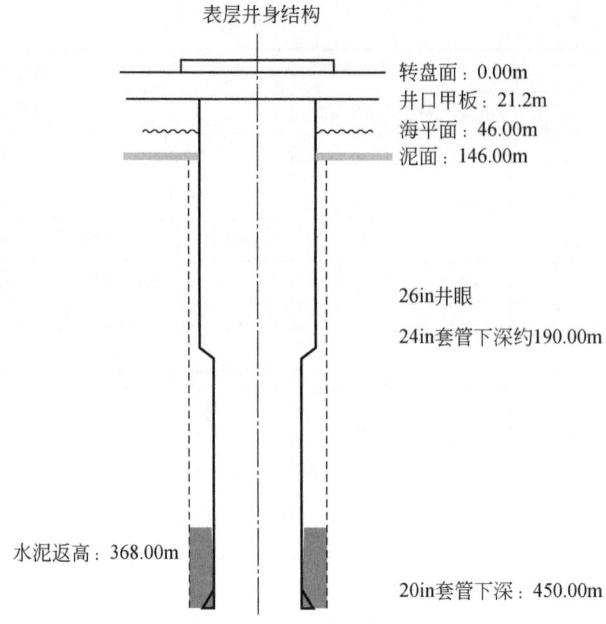

图 2. 25　A 井井身结构图

表层导管固井水泥只返至泥线以下 222m 处，20in 套管固井段长度为 82m，经计算，20in 套管固井段承载力为 69. 48t。为保证作业安全，20in 套管和 24in 隔水导管分别按其外表面积的 10%、20%、30%、40%、50%、60%、70%、80%、90% 和 100% 与地层接触以及不接触时计算承载力，泥线以下 120m 地层缺少土质参数，因此采取泥线以下 120m 处土体单位表面摩擦力参数来计算承载力，如图 2. 27 所示。

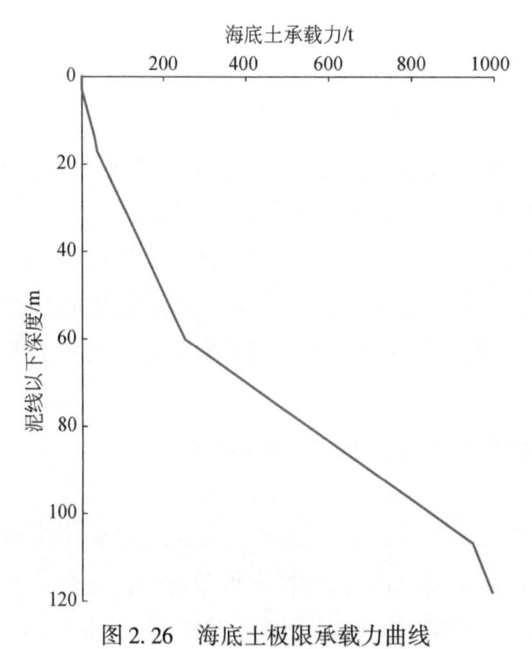

图 2. 26　海底土极限承载力曲线

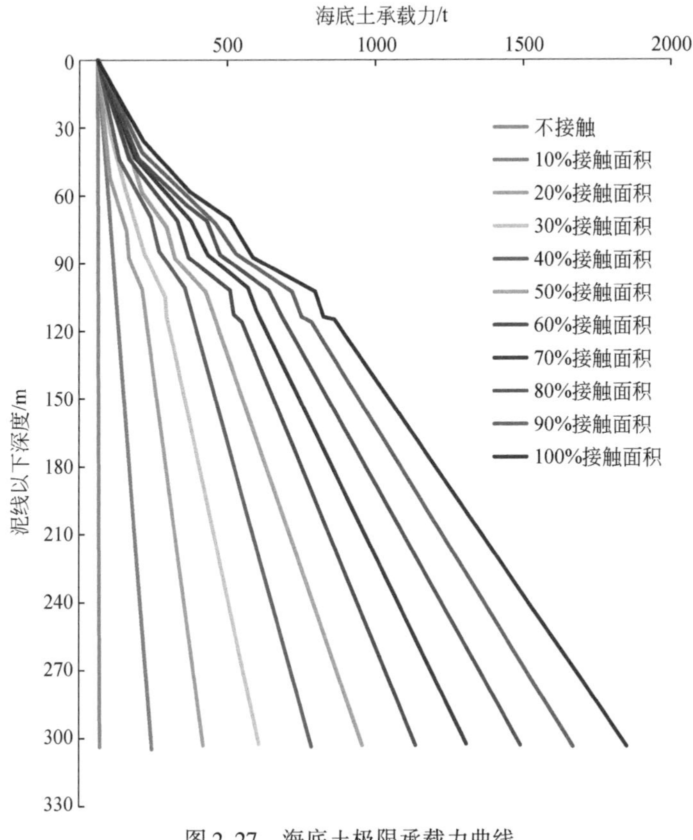

图 2.27　海底土极限承载力曲线

2.4.3　导管稳定性校核分析

表层套管段钻进结束，安装防喷器系统时，防喷器系统重量大约 177t，容易发生导管下沉。因此需要对此工况下表层导管的入泥深度进行校核，根据钻井设计，表层导管入泥深度为 69m。根据工程作业计划，考虑坐防喷器（BOP）时本井水泥浆与海底土相互作用时间为 3d，由式（2.23）可计算出导管侧向摩阻力

$$F=0.5\times3.14\times26\times0.0254\times(722-69)\times[(\lg3+3.912)/274]\times1000=4835.83\text{kN}$$

坐防喷器工况下，表层导管承受的载荷见表 2.3。

表 2.3　坐防喷器时井口载荷计算

计算项目	载荷/kN
防喷器组湿重	1509.20
井口头湿重	28.44
导向基盘湿重	26.43

续表

计算项目	载荷/kN
表层导管干重	363. 17
表层套管湿重	558. 81
表层套管固井水泥环干重	1104. 15
表层导管固井水泥环干重	241. 52

不考虑表层导管水泥固结的影响，总载荷：

$$G=1509.20+28.44+26.43+363.17+558.81+1104.15+241.52=3831.72\text{kN}$$

在坐防喷器时，表层导管提供的承载力为3280kN，表层套管固井水泥环承载力4835. 83kN，井口总承载力为3280kN+4835. 83kN=8115. 83kN，大于坐防喷器时井口载荷3831. 72kN。

第3章　海洋油气井导管打桩安装方法

海洋油气井导管打桩安装方法（简称打桩法、锤入法）是指借助打桩设备锤入导管的方法，该方法是近海、浅海开发井导管安装的首选方法。打桩法所需的设备简单，无需固井作业，可实现批量施工的要求，适用于井间距较小，地层构造不稳定，井漏、井塌的疏松地层，同时，对存在浅层气等复杂灾害性地层具有一定规避风险的能力。近些年深水水下打桩技术也得到很好的发展，但该技术还不够成熟，本章主要阐述水上打桩技术。

3.1　打桩法安装导管工艺

3.1.1　打桩施工工艺

在海上开展导管打桩作业需要借助已经搭建的导管架平台或打桩船辅助打桩。与钻入法安装导管的施工方式相比，打桩作业具有程序简单、作业时效高、隔水导管承载力大等优点，已广泛应用于生产井批量开发中。打桩法施工是依据土工力学原理，依靠导管自身重量和桩锤的冲击力将导管锤入地层，地层与导管外壁的摩擦力承托导管和井口装置等重量。受海底地层性质和海况影响，打桩作业会存在溜桩、锤击力传递不足等风险。海上钻井打入导管是钻井作业开始的第一步工作，具有一套完整的流程（图3.1）。

图3.1　打桩船打桩示意图

打桩施工作业相比于钻入法，省略了起下钻柱和固井工序，主要工序包括连接导管、打桩施工、切割多余导管二开钻进三个步骤（图3.2）。

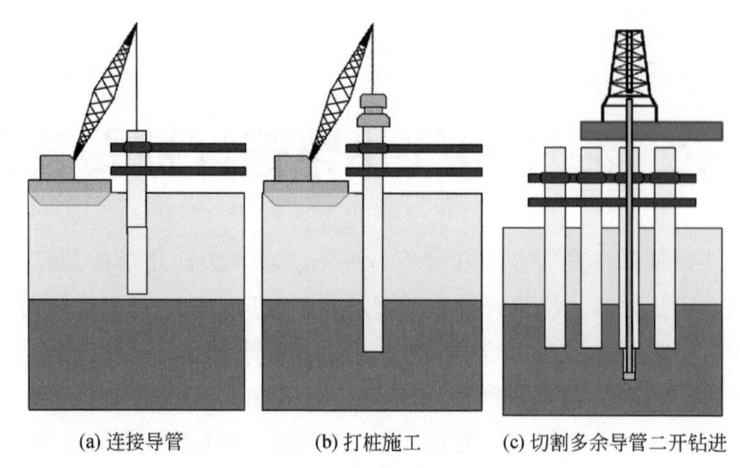

(a) 连接导管　　(b) 打桩施工　　(c) 切割多余导管二开钻进

图 3.2　打桩施工流程

打桩法安装导管的详细施工流程如下。

1）打桩准备

移井架或托运导管及打桩设备至设计井槽上方，吊起桩锤并用卸扣连接到加长平衡杆；将加长平衡杆悬挂在顶驱或桩架上，连接控制管线到油泵和滑动装置上，连接举升装置及桩锤吊索到加长平衡杆。提起导管吊索，将其和顶驱吊耳连接，同时在吊索下端连接双槽吊卡。打桩准备现场图如图 3.3 所示。

(a) 托运导管及打桩设备　　(b) 吊装导管

(c) 按照设计排列导管　　(d) 顶驱吊耳连接打桩锤

图 3.3　打桩准备

2）连接导管柱

游车慢慢提升桩锤，移开转盘补心，安装隔水导管承座补心和套管大钳。吊单根导管鞋到钻台，连接吊卡，安装止动销。用游车缓慢提起并下入井内到上扣高度，座卡瓦，安装安全卡瓦并打开吊卡准备吊下一根隔水导管。吊下一根隔水导管到钻台大门，扣上双槽吊卡，重复以上操作。用游车小心提起单根隔水导管到合适高度（高于前一根隔水导管母扣高度），清洗隔水导管公扣和母扣，缓慢下放并对入母扣内，用套管钳正转1～2圈，再用手动大钳拉紧，上扣完毕再上紧止动销，打开套管大钳，并打开安全卡瓦，提出吊卡，下放管串到上扣高度，坐卡瓦，安装安全卡瓦（图3.4）。

(a) 安装套管大钳

(b) 连接吊卡

(c) 吊导管至钻台

(d) 下放导管至上扣高度

(e) 安装安全卡瓦并打开吊卡　　(f) 导管连接上扣

(g) 上紧止动销　　(h) 安装安全卡瓦

图 3.4　连接导管柱

3）打桩作业

在水下两层导向槽上安装导向块，飞溅区的两个接头用特殊防腐材料处理。用气动绞车提起锤入接头，缓慢对入隔水导管中，再缓慢下放桩锤到锤入接头上部，用两根短吊索连接锤入接头和桩锤。缓慢下放隔水导管，逐渐释放管串全部重量，隔水导管依靠管串自身重量自进。自进停止，缓慢下放锤入接头和桩锤，并使锤入接头准确进入隔水导管中，桩锤的重量下压套管柱直至自进停止。

把桩锤油泵置于空挡，上提游车提起起落架，当起落架拱杆碰到上碰块后，活塞便下击开始工作。空挡锤击把桩端土层夯实后，再用 1 档锤击隔水导管下沉，在用 1 档作业时要随时准备停车，防止锤击过程中突然溜桩。

打桩机共有 4 个档位，开始时打桩力要小，防止溜桩。随着导管入泥深度增加，由 1 档直接进入 4 档增大锤入力至 100%。继续锤入作业和接单根隔水导管工作，直到隔水导管达到入泥深度要求。理论上锤入作业中断时间要求最小，接单根隔水导管时间大约 20min，特别是在隔水导管锤入泥线以下 30m 左右时，应防止长时间停滞导致黏土层的吸附作用过大而产生拒锤。

导管打桩深度到达设计深度，解脱桩锤，根据甲板高度和导管超出甲板的高度切割多余导管，安装扶正器及井口。打桩作业流程如图 3.5 所示。

(a) 飞溅区导管防腐处理

(b) 保持桩锤居中

(c) 打桩作业

(d) 切割多余导管

(e) 取出多余导管

(f) 安装井口头

图 3.5　打桩作业流程

3.1.2　施工作业注意事项

打桩过程中如果出现桩锤在桩头上跳动摇晃，则需要立即停止作业进行检修。同时还需注意锤头与隔水套管头摩擦，锤头容易热胀出现断裂的情况，防止锤头水平钢板落入井口造成事故。除以上事故风险外，为保证施工质量还需应用以下措施保证打桩作业顺利进行。

1）防斜打直措施

选择隔水导管入泥时机，选择在平流时期入泥，最大限度减小海流对隔水导管的影响，确保入泥时的居中度。检查导管柱是否居中，如果发现偏斜需要调整井架直至居中。

慢慢下放隔水导管，入泥后再逐渐释放管串全部重量，隔水导管依靠管串自身重量自行进入海底土中，自进停止后慢慢下放锤入接头和桩锤，并使锤入接头对入隔水导管中，桩锤的重量下压导管柱直至自进停止。

根据每锤进尺选择合适的打桩参数，上部软地层避免因冲击力过大导致套管偏移。为防止隔水导管打入偏斜，应严格控制桩锤的打击能量。

2）防溜桩控制措施

隔水导管靠自重不再下沉后，用桩锤缓慢下压隔水导管至其不再下沉。

用最低锤击能量（空档）进行试打，如果进尺较低，小于或等于0.25m，可启动1档开始打桩作业。在1档作业过程中，发现有下滑过快的现象要立刻停锤。前面3根打桩作业都不可打开提升环，以免溜桩，吊桩锤的吊索保持松弛，桩锤最终与隔水导管上部接触。

在海底土地层与隔水导管间摩擦力远远超过隔水导管自重后，根据每0.25m的锤击数谨慎提高锤击能量；并且在打桩过程中严密监视每次打桩入泥深度，发现锤击能量不变，隔水导管入泥速度过快时，及时减小锤击能量。

3）群桩锤入阻力控制

群桩效应会使海底土层性质发生压实变化，造成导管贯入困难。根据理论计算得知，井间距为2.2m×2.2m时，群桩效应较明显；井间距为2m×2m时，群桩效应较大；井间距小于2m×2m时，群桩效应很大；井间距为2m×1.8m时，群桩效应使导管摩阻增加20%左右，应优化打桩顺序和入泥深度。

导管未打到设计深度出现拒锤时，可用钻具从导管内钻开导管鞋以下地层3m左右，再恢复锤入导管作业，直到打入设计深度。

3.2　主要装备与设备

打桩设备和工具通常包括打桩设备、吊装设备、井口及井下工具等。打桩船或导管架平台是打桩作业的载体，打桩作业位于井口小平台之上。

3.2.1　打桩设备

打桩设备主要包括桩锤、替打短接和桩帽。桩锤是打桩设备的动力来源，替打短接和桩帽是将桩锤巨大的爆炸力均匀地传递到桩上，保护桩顶不受损坏。

3.2.1.1　打桩船和平台

通常采用打桩船或导管架平台进行油气导管打桩施工，导管架平台整体性高，平台组成部件较少，减少了吊装的次数及存放的位置，提高了吊装的效率（图3.6）。相比于打桩船，平台在打设过程中如果出现短桩等情况时，可以跳过短桩继续向前沉桩，

(a) 打桩船

(b) 导管架平台

图3.6　打桩船及导管架平台

不影响沉桩施工正常推进，等海上接桩完成后，利用平台完成短桩的复打工作。但打桩船一旦出现短桩情况，由于打桩船打桩顺序不能改变，打桩船必须停止施工，等桩完成后才能复打。

海上油气开采往往采用丛式井的开发方式，井槽分布及井架移动装置如图 3.7 所示，打桩法安装导管不需要导管段固井程序，可实现多个井槽同批次安装导管。

(a) 井槽分布

(b) 井架移动装置

图 3.7　井槽分布及井架移动装置

3.2.1.2　桩锤

桩锤从驱动形式上可分为蒸汽锤、落锤、柴油锤和液压锤，海上桩锤通常选用柴油锤和液压锤，这两种桩锤冲击行程大，能产生较大的冲击能量，能够克服地层阻力，将隔水导管打入设计的深度。选择桩锤时应根据土力学参数合理选择桩锤型号，桩锤打击能量过大易发生溜桩和导管损坏等事故，打击能量过小可能导致导管无法下入合适深度。

常见的柴油锤的型号参考《建筑施工机械与设备 筒式柴油打桩锤》(JB/T 11108—2010)，范围是 D80 ~ D160 型，作用于桩上的最大打击能量覆盖 33500 ~ 53300kN。以 D80-32 柴油锤为例，桩锤结构包括吊笼装置、锤体和测试传感器，总体质量约为 23000kg。为了在平台上起吊方便，将其分为两个大部件，一是锤体，总重约为 16000kg；二是吊笼装置（吊笼包括打桩时桩顶的桩帽、导向套筒以及替打等）重量约为 7000kg。锤体与吊笼安装，由高强度螺栓连接，1.5h 内可以完成装卸工作，非常便捷。D80-32 柴油锤主要结构如图 3.8 所示。

在柴油锤施工过程中，需要一些配合部件，如桩管套筒、套筒内插件、桩帽、替打、吊笼、锤导向架、启动导向架、起落架、平衡梁、吊环、钢丝绳等标配部件。柴油锤打桩时的结构系统如图 3.9 所示，图 3.10 展示了 JZ 25-1S 平台锤入导管使用的柴油锤。

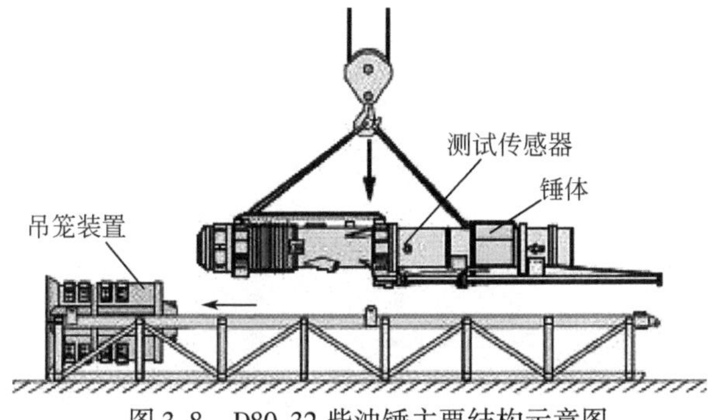

图3.8　D80-32 柴油锤主要结构示意图

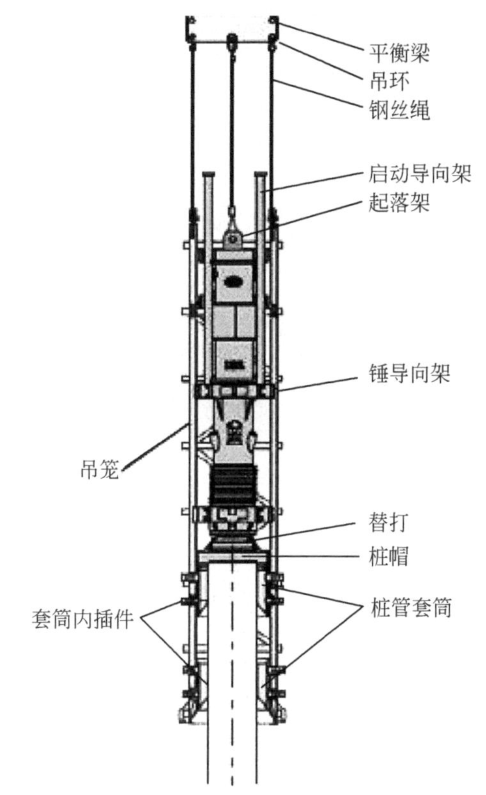

图3.9　柴油锤与隔水导管连接示意图

锤入法下隔水导管系统主要包括以下组件：

（1）桩锤与钻机连接系统；

（2）桩锤结构；

（3）桩锤与导管接触部分；

（4）隔水导管系统。

其中柴油锤桩锤部分主要由上活塞、下活塞、上气缸、下气缸、燃油提供系统、润滑油系统和专用桩帽等组成。

图 3. 10 JZ25-1S 平台锤入导管使用的柴油锤

3. 2. 1. 3 替打短接和桩帽

替打短接和桩帽不但能将桩锤打击能量均匀传递给导管，而且在吊桩进桩架龙口和下桩定位过程中，替打短接和桩帽还有固定和定位作用。在打击过程中，因为碰到地下障碍物或发生偏心打桩时，替打短接和桩帽还可以保护桩架龙口等设备。

替打短接一般可以分为整体式和分体式。整体式把替打和桩帽做成一体(图 3. 11)。分体式则是分开制作，二者通过螺栓连接。桩帽分为双层桩帽和单层桩帽。整体式替打结构更简单，所需材料较少，成本低，其避免了替打短接与桩帽间的不合理刚性接触，受力更合理。

3. 2. 2 吊装设备

1）打桩船桩架

打桩船的吊装设备为桁架结构，包括中心大钢柱、桁架结构和若干个容水仓。桩

图 3.11　整体式替打短接

架主体通常为三角形桁架结构，包括吊锤平台、起重平台、龙口装置、油缸滑道、支撑弦杆。虽然桩架的尺度不尽相同，但其主体结构形式基本是一致的，由不同直径的钢管焊接成的截面呈三角形空间桁架钢结构，前弦杆两根，后弦杆一根，腹杆若干。顶端是吊锤平台，安装了具有吊锤系统、锤启动系统、软管吊系统的导向滑车。吊锤平台下方是起重平台，安装了具有主吊桩系统、副吊桩系统的导向滑车。起重平台下方设有多层作业平台，抱桩器及插拔销液压系统、电梯绞车、背板绞车等设备分别安装于各层平台上。桩架前弦杆底端是前支脚，与艏部象鼻梁上的支脚座铰接，顶端与起重平台下面板焊接。后弦杆底端是后夹角，变幅油缸活塞杆通过插拔销铰接于此，以实现桩架的变幅动作，顶端也与起重平台焊接。龙口装置位于两前弦杆正中，自上而下分别与吊锤平台、起重平台及桩架各层平台前面的箱型梁焊接在一起，其正前方是桩锤滑道，两侧是电梯滑道，桩架结构如图 3.12 所示。

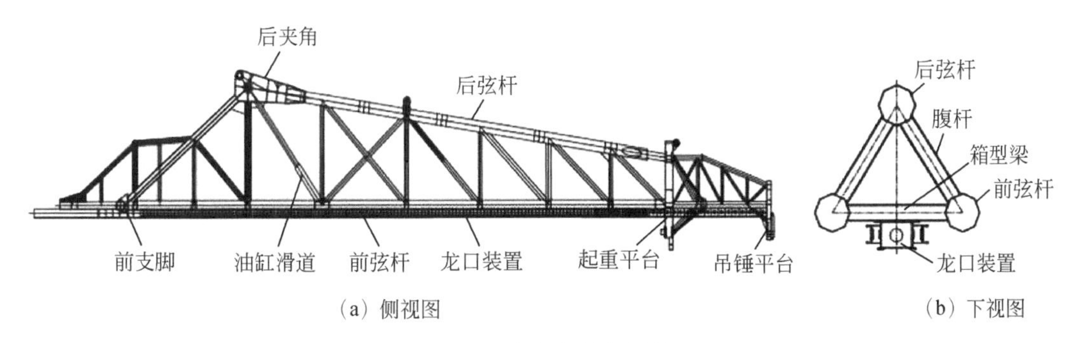

图 3.12　打桩船桩架结构

2）平台井架

选用导管架平台进行打桩施工，井架充当吊锤平台，在安装好的井架上安装履带吊，下端连接在平台上，组装好龙口装置和油缸滑道。桩锤结构与打桩船桩架结构相同。

3.2.3　管鞋

与钻入法安装导管不同，锤入法安装导管过程中，锤击会对导管头及底部导管产生较大的冲击载荷，为了避免锤击导致的导管变形损坏，导管的两端都做了相应加厚处理，管鞋的管体内外壁上焊加强筋，提高管鞋纵向及横向的强度，防止因引鞋强度不够而造成的损坏，同时，在管鞋底部加焊硬质合金的深穿透齿，加强管鞋的破岩穿透能力（图 3.13）。

图 3.13　管鞋实物图

3.3　导管合理下入深度设计

3.3.1　油气井导管载荷分析

油气井导管打桩过程中，当海底土对导管的阻力等于或超过压导管载荷时，导管贯入就会停止。导管的可打入性主要取决于土质条件、套管配置、锤击能量、套管间距、施工顺序等。

与钻入法安装导管工艺不同，打桩法安装导管存在两个导管载荷阶段，第一个阶段是打桩过程中，桩锤敲击导管头，导管发生贯入阶段；第二阶段是打桩结束，导管与周围土体相互静止的稳定阶段。

贯入阶段中，导管的纵向载荷要大于海底土的极限承载能力，这样才能为导管贯入土层提供能量，此时导管受力包括桩锤打桩瞬间的锤击载荷 $N_{上}$、导管自重 $W_{自重}$、导

管的侧向摩阻力 N_f、土体对导管底部的承载力 $N_{下}$。

稳定阶段中，导管的纵向载荷要小于等于海底土的极限承载能力，保证导管不会发生下沉，并能支撑井口及井筒内部管柱。如图 3.14 所示，此时导管受力包括导管自重 $W_{自重}$、导管的侧向摩阻力 N_f、土体对导管底部的承载力 $N_{下}$、导管受到的锤击载荷 $N_{上}$。两个阶段都需要准确地计算土体对导管底部的承载力 $N_{下}$ 和导管的侧向阻力 N_f。

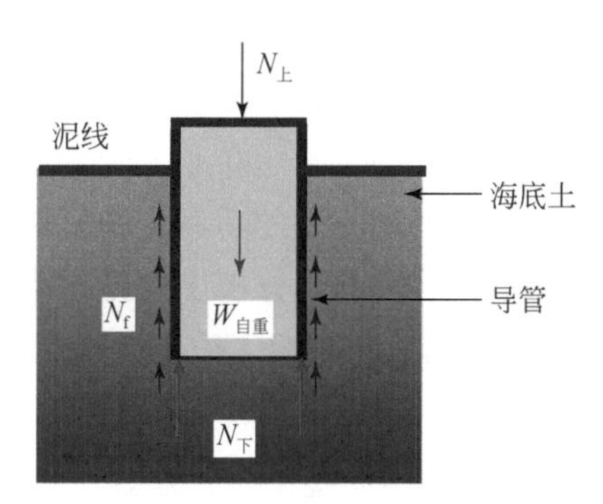

图 3.14　打桩法安装导管受力示意图

3.3.2　油气井导管底部极限承载力计算模型

在海洋工程计算中，我们把油气井导管可以视为一个不带桩靴的自升式钻井平台的桩腿。以此假设为基础，API 给出了计算单桩轴向极限承载能力的经验公式。式(3.1) 描述了桩体结构的承载力分为桩端阻力和桩侧摩阻力。

$$Q = Q_f = Q_p = fA_s + q_u A_p \tag{3.1}$$

式中，Q_f为导管桩侧摩阻力，t；Q_p为导管桩端阻力，t；A_s为导管桩侧壁表面积，m^2；A_p为导管桩底部截面积，m^2；f为导管桩侧壁单位摩擦力，t/m^2；q_u为导管桩底部单位极限阻力，t/m。

式 (3.1) 主要包含两部分内容，导管的桩侧摩阻力可以视为管柱的最大静摩擦力，而桩端阻力部分与土体的承载力相关，因为在打桩过程中形成土塞影响，打桩阻力便不能只考虑桩侧摩阻力，必须将桩端阻力考虑进来。打桩过程是一个动载荷作用的过程，此时以上两部分力都与静态情况下不同。

3.3.3　油气井导管打桩阻力计算方法

在连续打桩和不连续打桩两种不同的施工情况下，海上钻井导管打桩阻力计算会有很大差别。张忠苗 (2007)、孔纲强等 (2009) 针对管柱打桩时的土阻力计算研究认为，管柱打桩过程中土体产生疲劳桩侧摩阻力是远远小于静承载力的。

实际工程中，打桩过程也对打桩阻力大小产生影响，如打桩过程中停锤便容易导致拒锤现象的出现，地层中软弱夹层可能引发溜桩等现象，使得打桩阻力预测与实际情况产生很大偏差。Stockard（1979）经过对打桩数据的记录进行反算分析，发现打桩时的打桩阻力仅仅只有桩基静承载力的0.33～0.5倍。

（1）连续打桩情况：假设桩体内部没有土塞出现，这时的动阻力只考虑为桩体表面摩擦力，且在黏土中的动阻力降低，取静表面摩擦力的30%，在砂土中的表面摩擦力不变；对于桩端阻力，考虑为动态和静态的桩端阻力一致，认为其只作用于壁厚所承担的部分力。

（2）间断后复打情况：由于停打期间土的承载力恢复及临时形成的土塞作用，在黏性土打桩期间土的动阻力会增大。因此，分析中假设打桩延迟后复打时，桩内形成完全土塞，打桩阻力与静承载力相等，桩端阻力作用在整个桩端面积上。

3.3.4 油气井导管合理下入深度计算方法

油气井导管下入的地层一般为海底土，常常是淤泥、黏土、粉砂及砂泥混层等土体性质，成岩性差，所以这种地层的破裂强度与深层岩石的破裂压力有很大的差别。

根据打桩法安装导管的受力情况，其在竖直方向上的受力平衡方程与钻入法是一致的，只是在导管自重和导管侧向摩阻力两部分的组成上略有差别，计算模型为

$$N_{上} + W_{自重} = N_{下} + N_{f} \tag{3.2}$$

其中

$$W_{自重} = A(L_1 f_{浮} + H)\gamma_{钢}$$

式中，$N_{上}$为上部隔水导管受到的轴向载荷，kN；$W_{自重}$为隔水导管的重量，kN；L_1为隔水导管在泥面以上的长度，m；H为隔水导管在泥面以下的下入深度，m；$f_{浮}$为隔水导管在钻井液中的浮力系数；$\gamma_{钢}$为隔水导管钢材的重度，t/m^3；A为隔水导管的横截面积，m^2；$N_{下}$为隔水导管底部受到的海底土的承载力，kN；N_{f}为隔水导管侧向受到的摩擦力，kN。

只有当$N_{上} + W_{自重} < N_{下} + N_{f}$时，隔水导管才能够保持稳定，从而不造成失稳下陷的现象。

隔水导管保持稳定需满足的条件是

$$N_{上} + W_{自重} < N_{下} + N_{f} \tag{3.3}$$

导管最小入泥深度为

$$H > \frac{N_{上} + \frac{\pi}{4}[m^2 - (m - 2\delta)^2]\gamma_{钢} L_1 f_{浮}}{\pi m H f - \frac{\pi}{4}[m^2 - (m - 2\delta)^2]\gamma_{钢}} \tag{3.4}$$

式中，δ 为隔水导管的壁厚，m；m 为隔水导管的外径，m。

3.3.5　油气井导管打桩贯入度计算方法

贯入度是指以一定落距测量其每击（10击或30击）的沉落值，一般只以桩送至持力层处的贯入度指标来分析持力层情况。桩按其受力分端承桩和摩擦桩两种类型，施工过程中这两种类型的桩影响机理不同，端承桩控制桩体的贯入度，摩擦桩决定了桩体最终的入土深度，但是对于桩体载荷由桩侧摩阻力和桩端阻力共同承担的非纯摩擦桩来说，也常常提出最后贯入度的控制值。油气井导管锤入过程就是一个打桩过程。

贯入度基本模型中受到锤击作用的桩体，可以从其锤击程度看出土所提供承载力的大小。桩的贯入度即一次锤击下的入土深度，可用 e 表示，它与打桩阻力间存在着函数关系，打桩公式就是以碰撞理论和能量守恒原理为依据反映这一关系的理论模型。式（3.5）表示桩锤打桩瞬间能量转换关系（俞志强，1996）。

$$QH = Re + Qh + \alpha QH \tag{3.5}$$

式中，Q 为桩锤冲击部分的重量；H 为桩锤的落距；e 为贯入度；R 为相应贯入度时桩的贯入阻力；h 为桩锤的反弹高度；α 为能量消耗系数。

式（3.5）表示锤击过程中，锤击能量转化到三个方面，①Re 表示消耗于将桩沉入土中一段距离所做的功，称为有效功；②Qh 表示消耗于土及桩材料弹性变形的功；③αQH 表示消耗于桩和桩垫材料非弹性变形和土挤出以及打桩时克服的一切其他阻力的功。后两者是无效功。α 值影响因素很复杂，变化在 0～1 之间，与桩的材料、打桩方式、土的性质都有很大关系。

从式（3.5）来看，计算贯入度的公式非常简明，较难的问题在于如何确定各部分的具体能量分配，消散和转化的能量可以根据桩锤的功耗来推导，而真正与贯入度有关的部分能量中，贯入阻力的确定是极重要的。打桩阻力作为打桩过程中隔水导管受到的最主要的反作用力，它的确定与导管尺寸、桩土相互作用机理及土的性质相关。所以确定打桩过程中有效功的关键就是确定隔水导管的打桩阻力。以下是我们总结的应用较为广泛的油气井导管打桩阻力计算模型，也给出了通过实验研究得到的计算模型。

3.3.5.1　格尔谢凡诺夫模型

目前最常使用的模型为格尔谢凡诺夫模型，该模型考虑了桩锤和桩垫材料、桩锤及导管尺寸、落锤高度、土体恢复力等，在计算公式中也考虑了安全系数。这样的公式更多地用于设计标准，而非作为预测模型使用。

$$R_a = 1/m\left[-nA/2+\sqrt{(nA/2)^2+(nAQH/e)(Q+K^2q)/(Q+q)}\right] \tag{3.6}$$

式中，R_a 为桩的垂直容许承载力，N；e 为打桩最后阶段平均每一锤的贯入度，cm；n 为根据桩的材料和桩垫所定的系数，见表 3.1；A 为桩的横截面积，cm^2；Q 为锤重或者冲击部分的重量，N；m 为安全系数，临时建筑物取 1.5，永久建筑取 2.0；q 为桩重，N，包括桩帽及桩锤非冲击部分的重量；K 为恢复系数；H 为锤下落高度，cm。

表 3.1　根据桩材料和桩垫情况选择系数

桩材料	桩垫情况	$n/(N/cm^2)$
木桩	有桩垫	80
木桩	无桩垫	100
钢筋混凝土桩	有橡木垫加麻袋垫层	100
钢筋混凝土桩	橡木垫	150
钢桩	无桩垫	500

此模型中给出条件应根据落锤时的情况，在落锤和单动气锤的下落高度 H 值的基础上，按实际数据值乘以下列系数：对于有脱钩装置的自由落锤重，系数取 1.0；对于钢丝绳吊锤，如落下时不离绳，则系数取 0.8；对于单动气锤，系数取 0.9。

选择柴油锤时，H 值按下式计算：

$$H = 100(W/Q) \tag{3.7}$$

式中，W 为一次冲击能量。

采用格尔谢凡诺夫模型应符合下列条件：

（1）$mR_a/A=700N/cm^2$为设计载荷；

（2）使用落锤及单动气锤时，$h=0.04H$，h 为锤击时锤的反跳高度；

（3）$e\geqslant 2mm$。

3.3.5.2　海利公式

海利公式主要适用于双动气锤：

$$R_a = (\eta/m) \times [0.9W/(e + C/2)] \tag{3.8}$$

式中，η 为锤击效率。

当 $Q=q\varepsilon$，且桩尖处于可打入土状态时：

$$\eta = \frac{Q + q\varepsilon^2}{Q + q} \tag{3.9}$$

当 $Q<q\varepsilon$，且桩尖处于可打入土状态时：

$$\eta = \frac{Q + q\varepsilon^2}{Q + q} - \left(\frac{Q - q\varepsilon}{Q + q}\right)^2 \tag{3.10}$$

式中，Q 为锤重或者冲击部分的重量，N；ε 是系数，取值见表3.2；C 是桩、桩帽和土弹性压缩之和，$C=C_1+C_2+C_3$，其值可以现场实测，无资料时可以参照表3.3～表3.5的数值。

表3.2　系数 ε 的取值

项目	系数
钢桩，无桩帽；钢筋混凝土桩，无桩帽，桩头有桩垫	0.5
钢筋混凝土桩，有桩帽、桩垫和垫层；木桩	0.4

表3.3　桩受压时弹性变形值 C_1　（单位：cm）

桩材料	弹性模量/(N/cm^2)	木桩或钢筋混凝土桩的材料应力/(N/cm^2)				钢桩的材料应力/(N/cm^2)			
		350	700	1050	1400	5000	10000	15000	20000
木桩	1000000	0.0351	0.071	0.111	0.141	—	—	—	—
钢筋混凝土	2100000	0.0171	0.0351	0.051	0.071	—	—	—	—
钢桩	21000000	—	—	—	—	0.0261	0.051	0.0741	0.11

表3.4　桩帽受压时弹性变形值 C_2　（单位：cm）

桩帽类型	木桩或钢筋混凝土桩的材料应力/(N/cm^2)			
	350	700	1050	1400
钢筋混凝土桩上10cm厚弹性桩垫	0.18	0.35	0.53	0.7
木质桩帽	0.13	0.25	0.38	0.5
钢桩帽	0.1	0.2	0.3	0.4
钢桩、无桩帽	0	0	0	0

表3.5　土的弹性变形值 C_3　（单位：cm）

桩型	桩的材料应力/(N/cm^2)			
	350	700	1050	1400
有固定截面的桩	0～0.25	0.25～0.5	0.5～0.75	0.12～0.5

桩打入后，经过一段间歇，其承载力往往会发生变化，变化情况随着土质条件的不同而不同，因此，在应用打桩公式时，采取经过间歇后复打的贯入度才符合桩的实际工作情况。间歇时间在一段黏土中不少于7d，在软土中不少于14d，在砂土中可以适当缩短。

3.3.5.3　美国基础工程手册（*The Foundation Engineering Handbook*）推荐公式

$$R_a = \frac{W}{e - 0.25q/Q} \tag{3.11}$$

式中，符号意义同前。q/Q 数值不得小于1.0；e 取打入最后15cm的平均贯入度，若遇阻力突然增高的土质，可取最后5击的平均贯入度。

3.3.5.4　德国斯图加特大学计算模型（修正版）

$$R_a = \frac{0.5QH}{e + C/2} \cdot \frac{Q}{Q + q} \tag{3.12}$$

式（3.12）发展了日本建筑地基结构标准所使用的公式，考虑了桩、桩帽、土的弹性变形所造成的能量损失与桩、桩锤本身质量所带来的惯性效应，因此，其较合理地反映了打桩时的动态阻力。式（3.12）中 e 取最后10击的平均贯入度；C 值宜实测确定，也可以通过表3.3～表3.5计算；要求安全系数为1.5～3.0。

桩按其受力而言分端承桩和摩擦桩两种类型，施工过程中两种类型的桩影响机理不同，端承桩控制桩体的贯入度，摩擦桩决定了桩体最终的入土深度，但是对于非纯摩擦桩，即桩上的载荷由桩侧摩阻力和桩端阻力共同承担的摩擦桩来说，也常提出最后贯入度控制值。在没有做试桩载荷的情况下，工程技术人员一般根据土层情况估算出桩的标准承载力，然后借助于打桩公式和以往的经验提出一个贯入度的控制值，这样的控制值往往与实际情况相差很远。形式不同的打桩公式实际上只求出了桩的贯入阻力，桩的贯入阻力不等同于桩的承载力，这就是说，打桩过程中，需要考虑的是桩的动力性能，而动力与静力作用下桩体表现的性能之间存在着很大的差别。在打桩公式中一般不出现土的物理力学指标，而用经验公式来估算桩、桩帽、垫层、锤回弹和桩间土的弹性压缩等能量损耗，在打桩能量的损耗中，桩间土的变形占了比较大的比例，而土层的物理力学性质千差万别，这对打桩公式的实用性带来很大挑战。

3.3.5.5　中国石油大学（北京）计算模型

以格尔谢凡诺夫模型为基础，结合室内群桩模拟试验的试验数据和打桩现场记录的数据，这里给出了中国石油大学（北京）的海上钻井导管打桩贯入度计算公式：

$$e = \delta \frac{nAQH}{KP_a(KP_a + nA)} \cdot \frac{Q + 0.2q}{Q + q} \tag{3.13}$$

式中，e 为打桩最后阶段每一击的贯入度，cm；P_a 为导管的容许承载力，kg；K 为打桩贯入系数；n 为根据导管材料和桩垫所定的系数，钢桩（钢管）无桩垫取 50kg/cm^2；A 为导管横截面积，cm^2；Q 为锤冲击部分重量，kg；δ 为修正系数，在1.15～1.3之间；H 为落锤高度，m；q 为导管重量，kg，包括送桩、桩帽及锤非冲击部分的重量。

式（3.13）中 P_a 的确定是难点，尤其在海上隔水导管施工过程中，由于井口槽分布密集，群桩效应明显，在原有得出的打桩阻力计算公式［式（3.11）］基础上，需要将群桩效应产生的阻力变化问题考虑其中。

3.3.6　打桩锤击数计算模型

油气井导管的锤击数是和贯入度相关的，已知具体贯入度，便可根据贯入度利用叠加的方式求出锤击数。

通过引入贯入度计算结果，可建立一个贯入比的概念，即按照海上施工经验最后0.3m停打的决策参数来计算锤击次数。所以贯入比可以认为是 $0.3/e$，单位为击/0.3m。引入贯入比可得到打桩锤击数计算公式：

$$N=\int_0^h \frac{0.3}{e}\mathrm{d}h \tag{3.14}$$

式中，e 为打桩最后阶段每一击的贯入度，m；h 为导管锤入深度，m；N 为总锤击数。计算出隔水导管打桩阻力，再根据海上钻井时提供的桩锤型号对应的桩锤参数，利用以上的贯入度及锤击数计算模型，很容易求出隔水导管的打桩贯入度和锤击数。

3.4　应用案例分析

3.4.1　油田基本信息

选取中国南海 B 井位进行打桩法导管安装施工应用。首先对隔水导管打桩贯入度及锤击数预测，并对隔水导管与桩锤的匹配优选进行分析。该海域水深100m，海浪、海流等海况条件对钻井隔水导管强度和稳定性产生很大的影响，海底浅层土质以淤泥、黏土、粉土等为主，土体受打桩的动载荷影响极大，土体打桩阻力较低，海底泥面附近处土体承载力较低，极易发生溜桩等风险。

根据井场的土质调查资料，对该海域海底土的工程地质特征进行分析是开展隔水导管打桩贯入度及锤击数预测、导管和桩锤的匹配优选分析的首要工作。

通过地质勘查工程在井场进行海洋土质钻孔调查，对土质的分层、每一层土体进行土质描述，根据该井位平台场址工程地质调查报告和相关土质调查资料，以及土质实验结果，分析该井位平台场址的海底土力学特性。南海 B 井位海底土质参数见表3.6。

表 3.6　南海 B 井位海底土质参数

层次	土质描述	深度		平均天然重度/(kN/m³)	设计抗剪强度	单位表面摩擦力/kPa	单位桩端承载力/MPa
		层顶/m	层底/m				
1	松散的粉质细砂	0.0	—	8.4	$\delta=15°$，$f_{max}=48.0$kPa，$N_q=8$，$q_{max}=1.9$MPa	0	0.00
		—	2.5	8.4		5	0.17
2	软—稍硬的粉质黏土	2.5	—	8.3	20kPa	10	0.18
		—	5.0	8.3	26kPa	16	0.23
3	中密实的砂质粉土混含黏土包	5.0	—	9.0	$\delta=15°$，$f_{max}=48.0$kPa，$N_q=8$，$q_{max}=1.9$MPa	9	0.33
		—	6.0	9.0		11	0.41
4	硬的粉质黏土	6.0	—	8.3	60kPa	29	0.54
		—	9.0	8.3	60kPa	34	0.54
5	中密实的砂质粉土	9.0	—	8.6	$\delta=20°$，$f_{max}=67.0$kPa，$N_q=12$，$q_{max}=2.9$MPa	22	0.91
		—	13.8	8.6		34	1.40
6	中密实—密实的粉质细砂	13.8	—	8.1	$\delta=25°$，$f_{max}=81.0$kPa，$N_q=20$，$q_{max}=4.8$MPa	22	2.34
		—	18.6	8.1		34	3.12
7	硬的粉质黏土	18.6	—	8.9	55kPa	46	0.50
		—	40.0	8.9	75kPa	75	0.68
8	中密实的砂质粉土	40.0	—	8.8	$\delta=25°$，$f_{max}=81.0$kPa，$N_q=20$，$q_{max}=4.8$MPa	81	4.80
		—	46.2	8.8		81	4.80
9	硬—非常硬的粉质黏土	46.2	—	9.3	85kPa	85	0.77
		—	59.0	9.3	110kPa	85	0.77
10	中密实的粉质细砂	59.0	—	9.3	$\delta=25°$，$f_{max}=81.0$kPa，$N_q=20$，$q_{max}=4.8$MPa	81	4.80
		—	64.0	9.3		81	4.80
11	非常硬的粉质黏土	64.0	—	9.5	110kPa	110	0.99
		—	112.0	9.5	190kPa	190	1.71
12	密实的砂质粉土	112.0	—	9.8	$\delta=30°$，$f_{max}=96.0$kPa，$N_q=40$，$q_{max}=9.6$MPa	96	9.60
		—	118.5	9.8		96	9.60
13	非常硬—坚硬的粉质黏土	118.5	—	10.1	175kPa	175	1.57
		—	140.2	10.1	220kPa	220	1.98

注：单位表面摩擦力按 API 标准计算得出，对黏性土和粒状土，其抗拉和抗压时的单位表面摩擦力相同；单位桩端承载力按 API 标准计算得出；δ 为粒状土的设计内摩擦角；f_{max} 为最大摩阻力；N_q 为承载力系数；q_{max} 为端面承载力。

B井位平台场址各层土详细的物理力学特性分述如下。

第一层，松散的粉质细砂。层底深度为2.5m，层厚为2.5m，平均天然重度为8.4kN/m^3，砂土。设计参数：内摩擦角$\delta=15°$，承载力系数$N_q=8$。

第二层，软—稍硬的粉质黏土。层底深度为5.0m，层厚为2.5m，平均天然重度为8.3kN/m^3，黏土。设计参数：设计抗剪强度为20～26kPa。

第三层，中密实的砂质粉土混含黏土包。层底深度为6.0m，层厚为1.0m，平均天然重度为9.0kN/m^3，互层。设计参数：内摩擦角$\delta=15°$，承载力系数$N_q=8$，设计抗剪强度为48kPa。

第四层，硬的粉质黏土。层底深度为9.0m，层厚为3.0m，平均天然重度为8.3kN/m^3，黏土。设计参数：设计抗剪强度为60kPa。

第五层，中密实的砂质粉土。层底深度为13.8m，层厚为4.8m。平均天然重度为8.6kN/m^3，砂土。设计参数：内摩擦角$\delta=20°$，承载力系数$N_q=12$。

第六层，中密实—密实的粉质细砂。层底深度为18.6m，层厚为4.8m，平均天然重度为8.1kN/m^3，砂土。设计参数：内摩擦角$\delta=25°$，承载力系数$N_q=20$，设计抗剪强度为81kPa。

第七层，硬的粉质黏土。层底深度为40.0m，层厚为21.4m。平均天然重度为8.9kN/m^3，黏土。设计参数：设计抗剪强度为55～75kPa。

第八层，中密实的砂质粉土。层底深度为46.2m，层厚为6.2m。平均天然重度为8.8kN/m^3，砂土。设计参数：内摩擦角$\delta=25°$，承载力系数$N_q=20$，设计抗剪强度为81kPa。

第九层，硬—非常硬的粉质黏土。层底深度为59.0m，层厚为12.8m，平均天然重度为9.3kN/m^3，黏土。设计参数：设计抗剪强度为85～110kPa。

第十层，中密实的粉质细砂。层底深度为64.0m，层厚为5.0m，平均天然重度为9.3kN/m^3，砂土。设计参数：内摩擦角$\delta=25°$，承载力系数$N_q=20$，设计抗剪强度为81kPa。

第十一层，非常硬的粉质黏土。层底深度为112.0m，层厚为48.0m，平均天然重度为9.5kN/m^3，黏土。设计参数：设计抗剪强度为110～190kPa。

3.4.2　油气井导管合理入泥深度设计

根据隔水导管入泥深度要求，对于隔水导管优选需要满足两大原则，且需先计算不同尺寸隔水导管需要满足的最小入泥深度。

1）隔水导管的入泥深度需要保证井筒流体正常循环

根据该井位所处海域的海底浅层地层破裂压力计算，可得到该处海底浅层地层破裂压力当量密度。隔水导管入泥深度需要满足正常流体循环下不压破隔水导管管鞋处地层的要求。

从图 3. 15 可以看出，当选用的井底液注当量密度取 1. 06 时，导管入泥深度达到 45m 才能满足隔水导管管鞋处地层不发生破裂。当选用的井底液注当量密度取 1. 05 时，可以看出在 12m 后海底浅层地层破裂压力当量密度达到设计循环流体当量密度，在 12 ~ 40m，出现了海底浅层地层破裂压力当量密度降低的现象，在 38m 之后，海底浅层地层破裂压力当量密度再次大于设计循环流体当量密度，可以确定导管入泥深度应该不小于 38m。

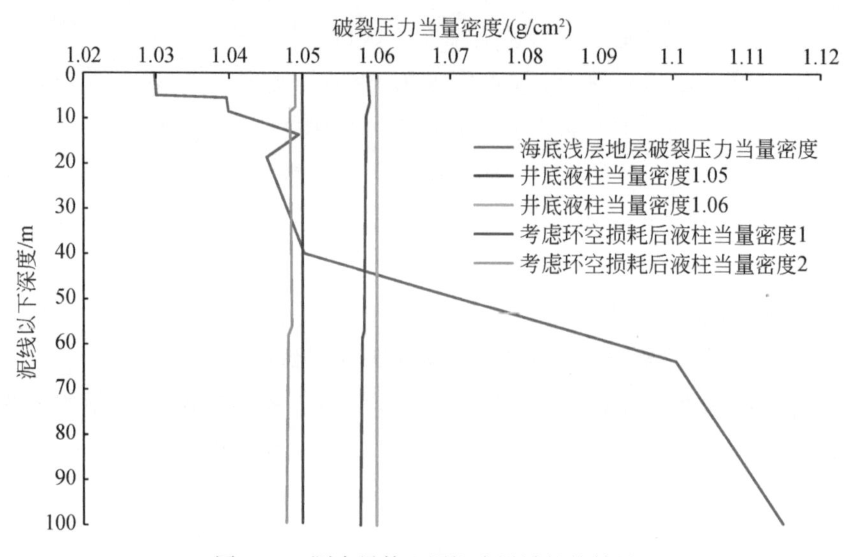

图 3. 15 隔水导管入泥深度设计校核结果

2）隔水导管的入泥深度需要保证导管提供给井口一定的承载能力

计算不同尺寸隔水导管海底土的极限承载力，确定不同尺寸导管的入泥深度，校核在该地区不同尺寸导管的强度和稳定性，优选最合适的隔水导管尺寸，经过计算处理，得出该地区土层的单位表面摩擦力及其隔水导管极限承载力曲线如图 3. 16 所示。

隔水导管的顶部所受的最大载荷需要小于导管与海底土的极限承载力才能满足井口稳定的要求，根据地层的极限承载力和井口载荷值，可以计算得到满足井口承载能力要求所对应的隔水导管最小入泥深度。

取井口载荷为 150t 进行计算，可得到满足井口承载要求的不同尺寸隔水导管最小入泥深度，见表 3. 7。

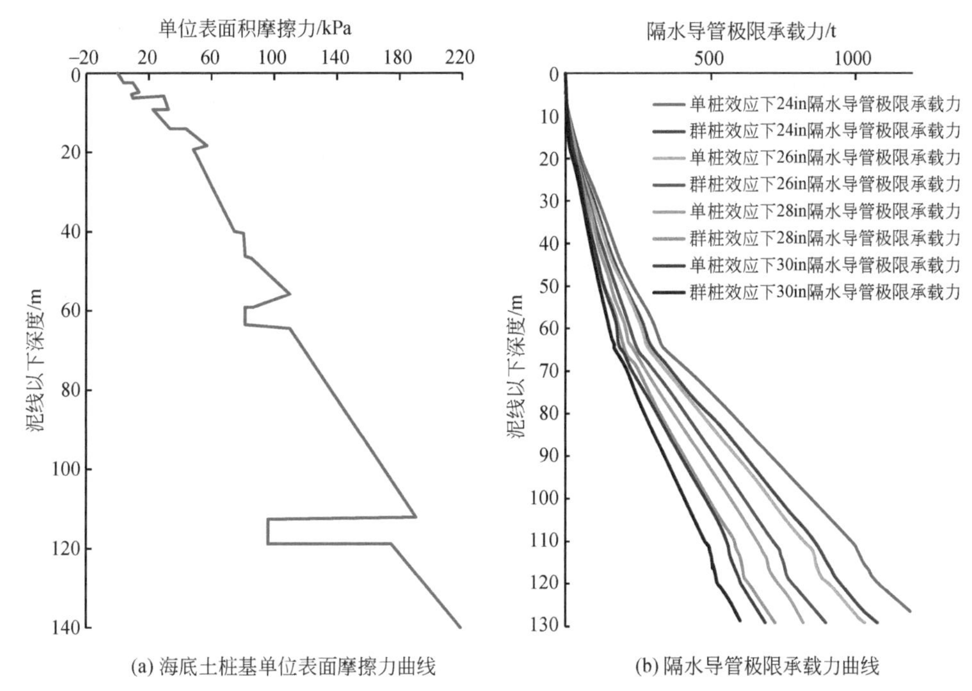

(a) 海底土桩基单位表面摩擦力曲线　(b) 隔水导管极限承载力曲线

图 3.16　B 井位海底土桩基单位表面摩擦力曲线及隔水导管极限承载力曲线

表 3.7　B 井位隔水导管设计入泥深度

井口载荷 /t	导管外径 /in	导管壁厚 /in	导管自重 /t	最小入泥深度（群桩）/m	最小入泥深度（非群桩）/m
150	20	1	58.25	70.28	79.71
150	24	1	68.08	63.05	71.28
150	30	1	82.79	55.79	62.80
150	36	1	96.68	50.82	57.15

经过对比分析发现当采用 20in×1in 的隔水导管时，入泥深度过深，且此海域水较深，以 20in 隔水导管作业极有可能发生失稳现象，采用 30in×1in 及 36in×1in 的隔水导管时增加了钢材耗费量。若无特殊的井口要求，如单筒多井的开发方式需要较大直径的隔水导管外，则应尽可能在满足开发要求情况下降低钢材的耗费量。

3.4.3　导管稳定性校核分析

根据隔水导管尺寸优选结果，分析所选隔水导管在此区域打桩阻力，结合前文的贯入度及锤击数计算模型，计算隔水导管的贯入度及锤击数。分析不同型号桩锤下的作业情况，优选合适型号的桩锤在此作业。

对于打桩过程中的相关计算采取以下假设：

（1）海底土极限承载力计算安全系数取2.0；

（2）打桩阻力1是指连续打桩无土塞情况下的土阻力（在黏土中，表面摩擦力取静表面摩擦力的30%，粒状土中取静表面摩擦力的100%）；

（3）打桩阻力2是指停打后复打形成土塞情况下的土动阻力（假设和静态桩承载力相同）；

（4）贯入度1、贯入度2分别与打桩阻力1、打桩阻力2情况相对应。

分别计算24in和30in两种隔水导管采用D62-22和D80-23桩锤实施打桩作业的打桩稳定性。

1）24in隔水导管

表3.8是24in导管打桩贯入度和锤击数的计算结果，从结果可以看出，在D62-22桩锤连续打桩条件下，隔水导管被打入63.05～71.28m所需锤击数为1050～1200，最后每英尺①的锤击数大于50就能够满足要求；在D62-22桩锤非连续打桩条件下，隔水导管被打入63.05～71.28m所需锤击数为2100～2600，最后每英尺的锤击数大于145就能够满足要求。综合上述情况，该井隔水导管打入深度为63.05～71.28m时，预测所需锤击数为1050～2600，最后每英尺的锤击数为50～145。其结果见表3.8和图3.17。

表3.8　24in隔水导管采用D62-22桩锤打桩计算结果

土层编号	土质描述	土深/m	极限承载力/t	打桩阻力1/kN	打桩阻力2/kN	贯入度1/(mm/次)	贯入度2/(mm/次)	锤击数1	锤击数2
0	无	0.00	0.00	0.00	0.00	—	—	0	0
1	砂土	2.50	0.31	7.18	23.94	—	—	0	0
2	黏土	5.00	1.31	18.67	62.24	—	—	0	0
3	砂土	6.00	1.59	29.21	72.77	79.37	39.68	7	14
4	砂土	9.00	4.13	58.51	170.45	39.68	19.61	20	41
5	黏土	13.80	8.21	214.78	326.72	63.25	28.77	20	43
6	砂土	18.60	15.16	481.36	593.30	24.88	10.42	67	161
7	砂土	40.00	55.24	942.43	2130.18	13.96	6.33	258	569
8	黏土	46.20	67.77	1423.31	2611.07	10.76	4.45	386	935
9	砂土	59.00	101.06	1806.24	3887.49	8.33	2.79	637	1907
10	黏土	64.00	111.17	2194.05	4275.30	6.04	2.29	954	2511
11	砂土	112.00	338.89	4813.92	13008.22	1.33	0.39	7560	26006
12	砂土	118.50	354.48	5411.44	13605.73	1.08	0.33	9918	32123
13	砂土	140.25	445.25	7157.46	15698.34	0.57	0.19	22031	67532

①　1英尺=0.3048m。

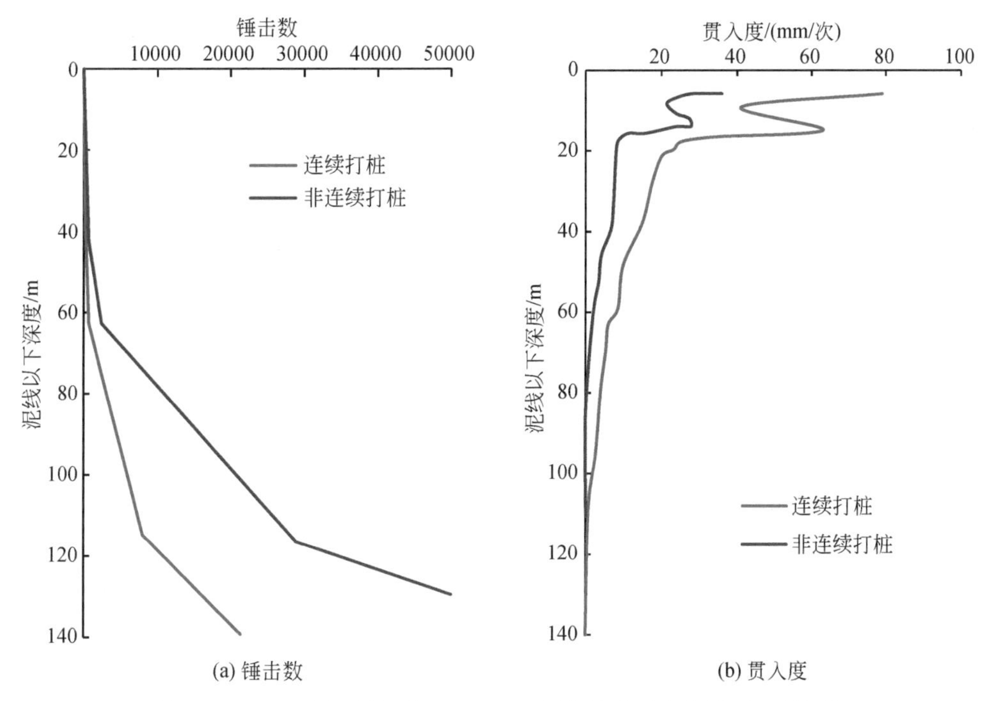

(a) 锤击数　　(b) 贯入度

图3.17　24in隔水导管采用D62-22桩锤打桩的锤击数及贯入度曲线

24in隔水导管在D80-23桩锤连续打桩条件下，隔水导管被打入63.05～71.28m所需锤击数为720～810，最后每英尺的锤击数大于31.5就能够满足要求；24in隔水导管在D80-23桩锤非连续打桩条件下，隔水导管被打入63.05～71.28m所需锤击数为1913～2400，最后每英尺的锤击数大于78就能够满足要求。综合上述情况，隔水导管被打入深度为63.05～71.28m时，预测所需锤击数为720～2400，最后每英尺的锤击数为31.5～78。其结果见表3.9和图3.18。

表3.9　24in隔水导管采用D80-23桩锤打桩计算结果

土层编号	土质描述	土深/m	极限承载力/t	打桩阻力1/kN	打桩阻力2/kN	贯入度1/(mm/次)	贯入度2/(mm/次)	锤击数1	锤击数2
0	无	0.00	0.00	0.00	0.00	—	—	0	0
1	砂土	2.50	0.31	7.18	23.94	—	—	0	0
2	黏土	5.00	1.31	18.67	62.24	—	—	0	0
3	砂土	6.00	1.59	29.21	72.77	142.86	71.43	5	10
4	砂土	9.00	4.13	58.51	170.45	71.43	35.29	15	30
5	黏土	13.80	8.21	214.78	326.72	113.86	51.78	14	31
6	砂土	18.60	15.16	481.36	593.30	44.78	18.75	49	116
7	砂土	40.00	55.24	942.43	2130.18	25.13	11.39	186	411

续表

土层编号	土质描述	土深/m	极限承载力/t	打桩阻力1/kN	打桩阻力2/kN	贯入度1/(mm/次)	贯入度2/(mm/次)	锤击数1	锤击数2
8	黏土	46.20	67.77	1423.31	2611.07	19.37	8.01	279	675
9	砂土	59.00	101.06	1806.24	3887.49	15.00	5.01	460	1377
10	黏土	64.00	111.17	2194.05	4275.30	10.87	4.13	689	1813
11	砂土	112.00	338.89	4813.92	13008.22	2.40	0.70	5460	18782
12	砂土	118.50	354.48	5411.44	13605.73	1.94	0.60	7163	23200
13	砂土	140.25	445.25	7157.46	15698.34	1.03	0.34	15911	48773

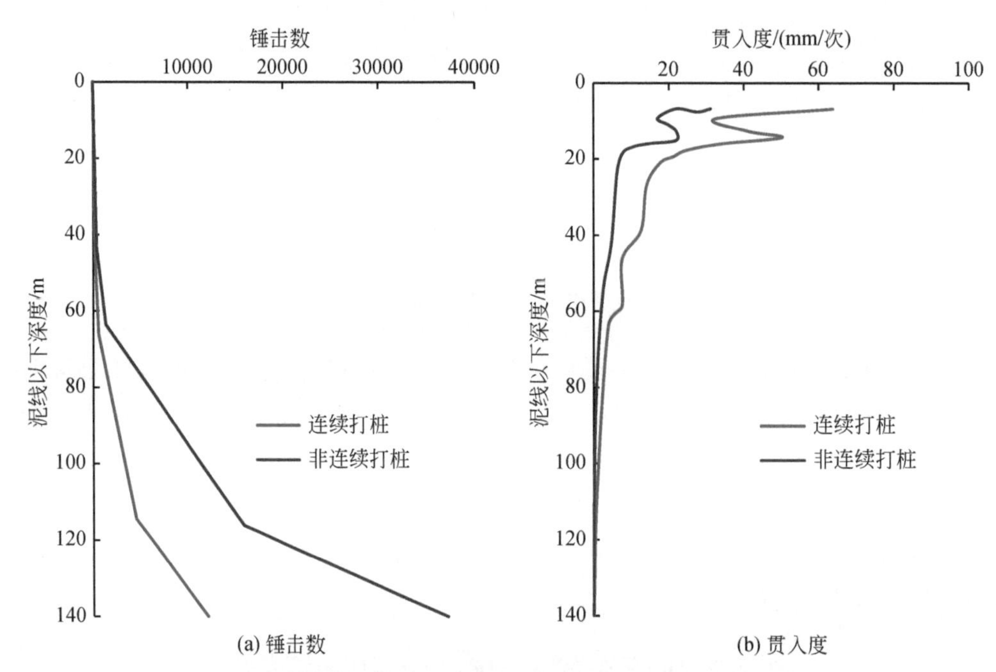

图 3.18　24in 隔水导管采用 D80-23 桩锤打桩的锤击数及贯入度曲线

2）30in 隔水导管

30in 隔水导管在 D62-22 桩锤连续打桩条件下，隔水导管被打入 55.79 ~ 62.80m 所需锤击数为 1065 ~ 1450，最后每英尺的锤击数大于 60 就能够满足要求；30in 隔水导管在 D62-22 桩锤非连续打桩条件下，隔水导管被打入 55.79 ~ 62.80m 所需锤击数为 2300 ~ 3200，最后每英尺的锤击数大于 150 就能够满足要求。综合上述情况，隔水导管被打入深度为 55.79 ~ 62.80m 时，预测所需锤击数为 1065 ~ 3200，最后每英尺的锤击数为60 ~ 150。其结果见表 3.10 和图 3.19。

表 3.10　30in 隔水导管采用 D62-22 桩锤打桩计算结果

土层编号	土质描述	土深/m	极限承载力/t	打桩阻力1/kN	打桩阻力2/kN	贯入度1/(mm/次)	贯入度2/(mm/次)	锤击数1	锤击数2
0	无	0.00	0.00	0.00	0.00	—	—	0	0
1	砂土	2.50	0.39	8.98	29.92	—	—	0	0
2	黏土	5.00	1.64	23.34	77.80	—	—	0	0
3	砂土	6.00	1.98	36.51	90.97	—	—	0	0
4	砂土	9.00	5.17	73.13	213.06	47.62	24.80	22	42
5	黏土	13.80	10.26	268.47	408.40	17.64	12.25	92	132
6	砂土	18.60	18.95	601.70	741.63	27.78	17.92	78	121
7	砂土	40.00	69.04	1178.03	2662.73	16.67	6.51	281	719
8	黏土	46.20	84.72	1779.14	3263.83	11.11	3.95	486	1369
9	砂土	59.00	126.32	2257.80	4859.36	5.05	2.22	1367	3106
10	黏土	64.00	138.97	2742.56	5344.12	3.70	1.44	2022	5212
11	砂土	112.00	423.62	6017.41	16260.27	0.89	0.24	14703	54093
12	砂土	118.50	443.09	6764.40	17007.16	0.72	0.21	19299	66799
13	砂土	140.25	592.10	9621.41	22721.38	0.36	0.12	45273	140446

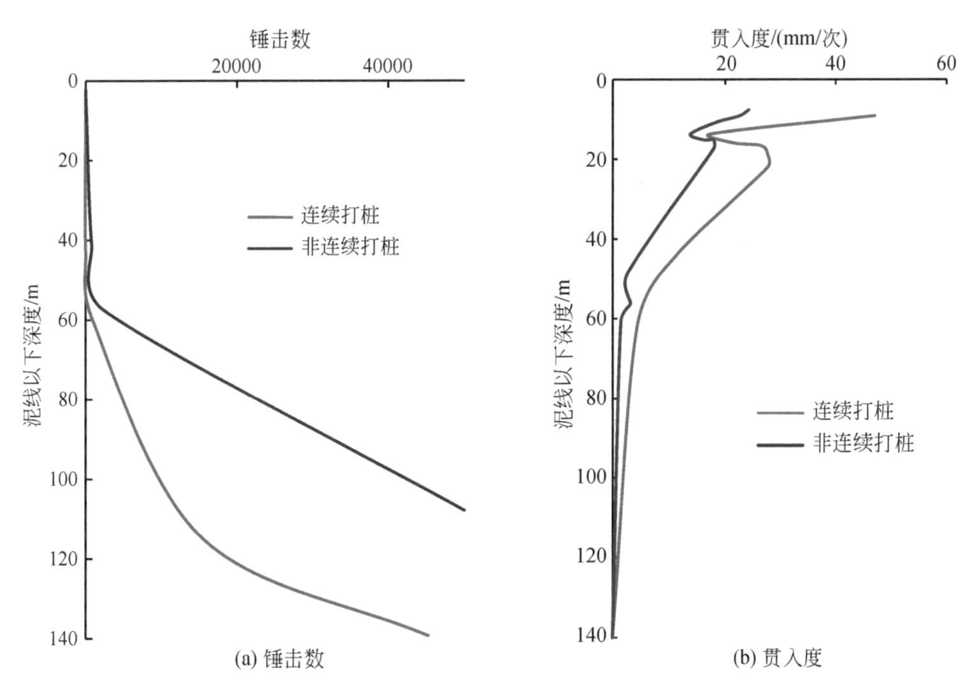

图 3.19　30in 隔水导管采用 D62-22 桩锤打桩的锤击数及贯入度曲线

30in 隔水导管在 D80-23 桩锤连续打桩条件下，隔水导管被打入 55.79～62.80m 所需锤击数为 800～900，最后每英尺的锤击数大于 40 就能够满足要求；非连续打桩条件下，隔水导管被打入 55. 79 ~62. 80m 所需锤击数为 2000 ~ 2400，最后每英尺的锤击数大于 85 就能够满足要求。综合上述情况，B 井位 30in 隔水导管被打入深度为 55. 79 ~62. 80m 时，预测所需锤击数为 800 ~ 2400，最后每英尺的锤击数为 40 ~ 85。其结果见表 3. 11 和图 3. 20。

表 3. 11　30in 隔水导管采用 D80-23 桩锤打桩计算结果

土层编号	土质描述	土深 /m	极限承载力 /t	打桩阻力 1 /kN	打桩阻力 2 /kN	贯入度 1 /(mm/次)	贯入度 2 /(mm/次)	锤击数 1	锤击数 2
0	无	0. 00	0. 00	0. 00	0. 00	—	—	0	0
1	砂土	2. 50	0. 39	8. 98	29. 92	—	—	0	0
2	黏土	5. 00	1. 64	23. 34	77. 80	—	—	0	0
3	砂土	6. 00	1. 98	36. 51	90. 97	—	—	0	0
4	砂土	9. 00	5. 17	73. 13	213. 06	85. 71	44. 64	12	24
5	黏土	13. 80	10. 26	268. 47	408. 40	31. 75	22. 06	51	73
6	砂土	18. 60	18. 95	601. 70	741. 63	50. 00	22. 06	44	67
7	砂土	40. 00	69. 04	1178. 03	2662. 73	30. 00	11. 72	156	399
8	黏土	46. 20	84. 72	1779. 14	3263. 83	20. 00	7. 11	270	760
9	砂土	59. 00	126. 32	2257. 80	4859. 36	9. 09	4. 00	759	1726
10	黏土	64. 00	138. 97	2742. 56	5344. 12	6. 67	2. 59	1123	2895
11	砂土	112. 00	423. 62	6017. 41	16260. 27	1. 60	0. 44	8168	30052
12	砂土	118. 50	443. 09	6764. 40	17007. 16	1. 29	0. 37	10722	37111
13	砂土	140. 25	592. 10	9621. 41	22721. 38	0. 65	0. 21	25152	78026

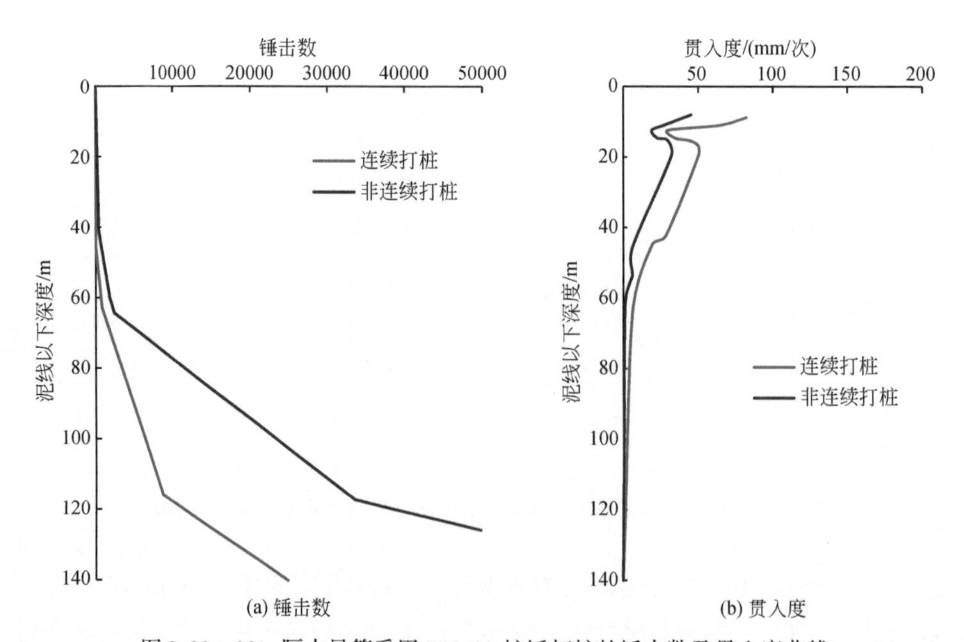

图 3. 20　30in 隔水导管采用 D80-23 桩锤打桩的锤击数及贯入度曲线

3.4.4 桩锤优选

针对24in和30in隔水导管，对D62-22和D80-23两种型号桩锤进行对比分析，其结果见表3.12和表3.13，以上两种桩锤均能满足该平台以上两种尺寸钻井隔水导管的锤入要求，但是选择不同桩锤的打桩效率不同，锤击数会产生很大差别；同时小尺寸隔水导管打桩时地层给予阻力较小，选用大型号桩锤作业时易造成溜桩等风险，不易控制。

表3.12　24in隔水导管打桩预测结果

桩锤型号	最大阻力/kN	入泥深度/m	锤击数		停打贯入比/(击/0.3m)
			连续打桩	非连续打桩	
D62-22	2044～4125	63.0～71.28	1050～1200	—	50
			—	2100～2600	145
D80-23		63.05～71.28	720～810	—	31.5
			—	1913～2400	78

表3.13　30in隔水导管打桩预测结果

桩锤型号	最大阻力/kN	入泥深度/m	锤击数		停打贯入比/(击/0.3m)
			连续打桩	非连续打桩	
D62-22	2257～4859	55.79～62.80	1065～1450	—	60
			—	2300～3200	150
D80-23		55.79～62.80	800～900	—	40
			—	2000～2400	85

24in隔水导管在选用D62-22桩锤，且井口载荷为150t时，为打桩到设计深度，在连续打桩情况下锤击数为1050～1200；选用D80-23桩锤，且井口载荷为150t时，为打桩到设计深度，在连续打桩情况下锤击数为720～810，在63.05m时地层能够提供的最大阻力约为2044kN，D80-23能够明显提升打桩效率。但是，在63.05m时地层提供的最大阻力2044kN相对于最大冲击能量为276kN·m、锤心重量为165.69kN、锤体总重量为261.56kN的D80-23桩锤来说阻力过小，发生溜桩的风险增大，对于24in隔水导管，选择D62-22桩锤完全能够满足要求。

30in隔水导管在选用D62-22桩锤，且井口载荷为150t时，为打桩到设计深度，在连续打桩情况下锤击数为1065～1450；选用D80-23桩锤，且井口载荷为150t时，为打桩到设计深度，在连续打桩情况下锤击数为800～900，相比较于D62-22桩锤的锤击数，采用 D80-23 桩锤时的锤击数少 200 左右。在 55. 79m 时地层能够提供的最大阻力约为 2257kN，在达到设计入泥深度时，30in 隔水导管地层提供的最大阻力大于 24in 隔水导管地层提供的最大阻力，相对发生溜桩风险小，但是对于 D80-23 桩锤来说其提升的效率并不明显，为安全考虑，选用 D62-22 桩锤更为合理。

第4章　海洋油气井导管喷射安装方法

海洋油气井导管喷射安装方法（简称喷射法）是适应深水钻井的特殊要求而发展起来的一种高效深水浅层作业方法。喷射法安装导管的优点是克服深水浅部地层成岩性差、地层强度低的问题，规避浅层灾害，降低钻井成本，提高作业时效，因而该方法逐渐地被广泛应用到深水及超深水钻井作业中。其基本原理是将表层导管与管柱内部的井底钻具组合（bottom hole assembly，BHA），通过螺纹将送入工具CADA与钻具锁固到一起；然后利用钻头喷射水射流形成引导井眼，并利用导管管柱串的自重使表层导管及水下井口装置随钻头下入设计深度；喷射到位后无需固井，直接解锁CADA工具，利用解脱的BHA钻柱继续进行二开井眼钻进，实现一趟管柱完成两开井眼。

4.1　喷射法安装导管工艺

4.1.1　喷射法施工工艺

导管是支撑上部的水下井口、防喷器（建井阶段）和水下采油树（开发阶段）的重要持力结构，是进行后续钻井作业的基础。表层导管失稳是喷射法工作时的主要风险，导管下入深度设计不准确导致的井口下沉事故时有发生，已造成了巨大的经济损失，图4.1为中国南海陵水某深水井钻井导管发生的下沉事故，在固井前井口下沉2.5m。

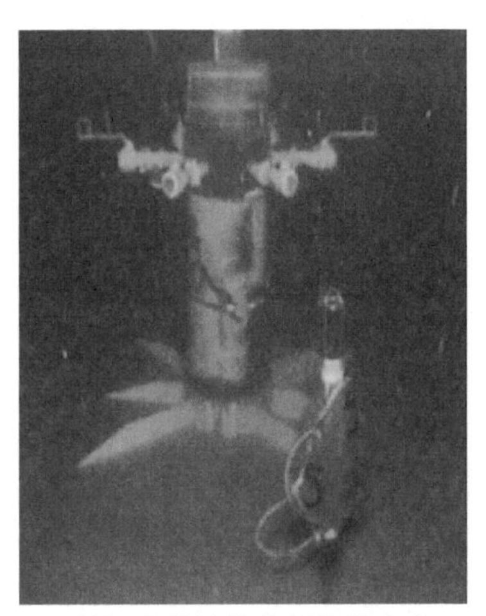

图4.1　某深水井钻井表层套管在井口下沉

喷射钻具由钻头、扶正器、马达等工具组成，置于导管内部，并与导管送入工具相连，钻头位于导管内部或伸出导管鞋一定长度。当导管到达泥线处时，依靠其自身的重量钻入地层中，并开泵驱动马达使钻头旋转，循环钻井液挟带岩屑从导管与钻柱的环空返出井筒。通过喷射钻出的井眼一般小于导管的外径，导管依靠自重及下入工具加在其上的重量来克服在较小井眼中的下入阻力。当导管下至设计深度时，经过一定时间的静止，在导管与地层黏土之间建立足够的胶结强度，并随时间的增长而加固，保证导管在后续作业中有足够的承载能力承担钻井作业载荷。

深水钻井按照钻井施工顺序可以分为 4 个关键作业阶段，分别是表层导管喷射下入阶段、表层导管喷射到位至解脱送入工具阶段、二开套管坐挂井口固井阶段、安装坐放水下喷器系统阶段（图 4. 2）。喷射导管的稳定性直接影响油气井安全生产。

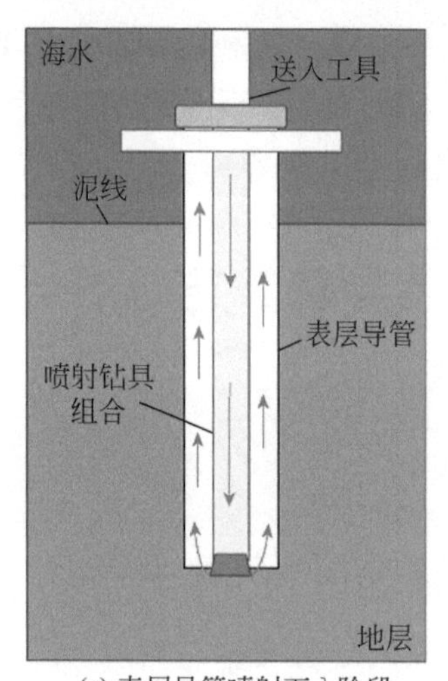

(a) 表层导管喷射下入阶段

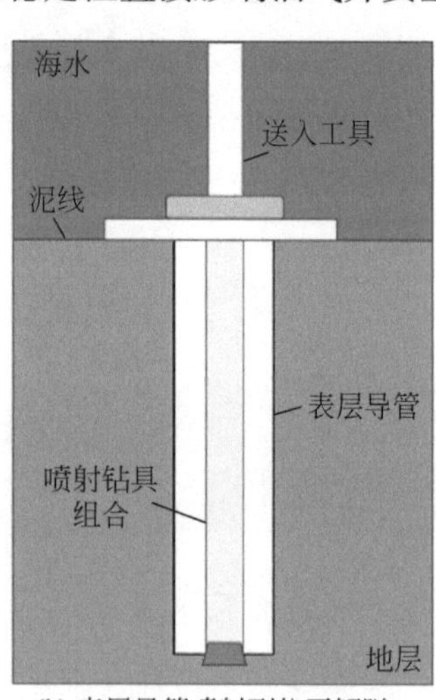

(b) 表层导管喷射到位至解脱送入工具阶段

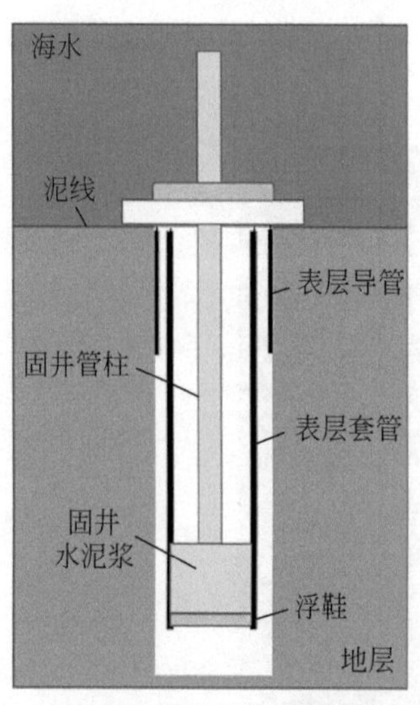

(c) 二开套管坐挂井口固井阶段

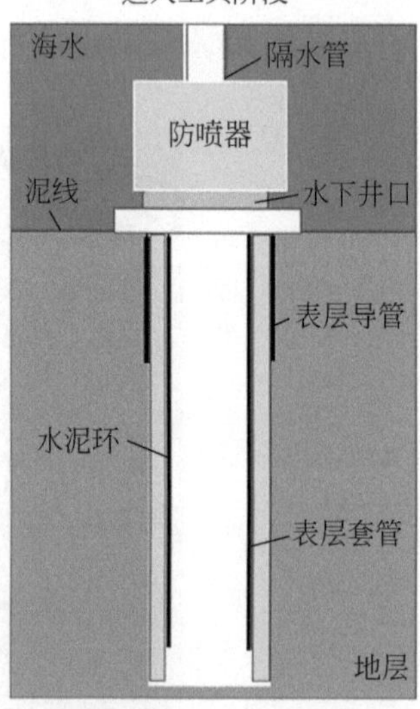

(d) 安装坐放水下喷器系统阶段

图 4. 2　深水喷射法钻井施工顺序

喷射法安装导管涉及前两个阶段，具体的施工流程包括钻前准备、导管下至泥面、喷射钻进、解脱送入工具4个步骤。

1）钻前准备

组装导管内钻柱，喷射下导管的内钻柱包括牙轮钻头、动力钻具、稳定器、喷射短节、配合短节、钻铤、泥线支撑板、钻杆、ROV、测量工具、导管下入工具等。组合导管内动力钻具，测试后立于井架。

2）导管下至泥面

钻台把吊卡用气绞车吊起来拔开销钉，将吊卡立起来放置于猫道坡道前。吊卡正面的方向冲着井口，起吊导管上钻台，吊车操作要求稳定，导管送到位后，上提气绞车，吊卡扣合后插好销钉，然后拆气绞车吊卡绳套。游车起到合适位置后推绳套和卸扣连接吊卡，连接好后游车上提，吊车慢慢下放。之后绞车和吊车同时上提，当导管下端高于钻台面时，绞车刹住，吊车开始缓缓下放，直至导管垂直，快速下放吊车大钩到适合位置。连接导管串，安装泥线支撑板及导管头，泥线支撑板坐于月池的活动门上。在导管内下入动力钻具组合，之后接送入工具，大勾下压后逆时针旋转，直至限位销钉落下，上提送入工具10~15cm即组装完成，导管随送入工具下入位于月池的钻井基盘内（图4.3）。

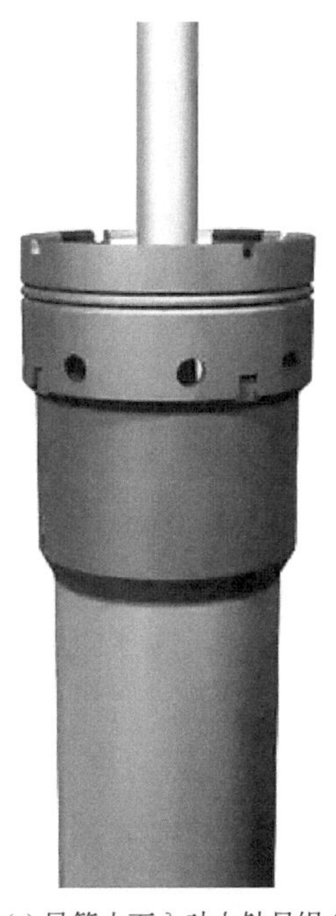
(a) 导管内下入动力钻具组合

(b) 接送入工具

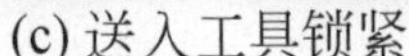

(c) 送入工具锁紧

(d) 连接钻井基盘

图 4.3　下导管工序示意图

钻杆将导管送至泥面，用 ROV 确认钻头的位置。上提导管 2 ~ 5m，用 ROV 检查泥线支撑板水平仪读数，当其小于 0.5°时即可开泵喷射钻进。

3）喷射钻进

喷射作业时送入管柱通过送入工具连接待喷射安装导管和底部钻具组合下放进入水中，当导管到达海底泥线时开泵，由牙轮钻头水眼喷射出的水流冲刷土体形成钻孔，导管在自身重力作用下刺入土体，当导管安装到预定设计深度时停泵，暂停循环，然后静止等待一段时间。待导管与海底土体之间的摩擦阻力足以支撑后续钻井作业产生的载荷时，解脱导管，底部钻具组合在送入管柱的送入下继续向下钻进表层井眼，钻完表层井眼后上提送入管柱与底部钻具组合成浮式钻井设备，完成导管的喷射安装。在作业过程中需对包括钻压、排量等在内的关键作业参数进行严格控制，以防止扩孔、深水导管下沉等事故的发生。

当导管入泥前 30m，使用小排量钻进，约 900L/min，然后逐渐增大排量至 3000L/min。根据设计的钻压曲线喷射钻井下导管，当与设计钻压不符时，可上下活动管柱减少地层和导管之间的摩擦力，完成前最后 30m 应尽可能少活动管柱。每喷射钻进 15m，至少泵入 $6m^3$ 高黏钻井液挟砂。喷射至设计深度，钻压应不低于设计最大钻压的 80%。打开升沉补偿器，保持悬重，替入 1.2 倍导管容积的高黏钻井液，记录水平仪读数。静止等候，期间测斜并随时调节升沉补偿器，防止导管上下移动。

4）解脱送入工具

倒开导管下入工具，记录水平仪读数和导管头高度（图 4.4）。

喷射法安装作业的基本要求包括导管下深能够使导管完全依靠其与地层土壤的黏附力支撑其本身与低压井口头的浮重；应能够支撑水下防喷器组及连接套管的浮重；低压井口头出泥高度应为 3.0 ~ 4.5m；导管倾斜小于 1.5°。另外，喷射法安装导管的送入管柱应能够满足下导管、钻表层井眼、下表层套管并固井过程中的最大

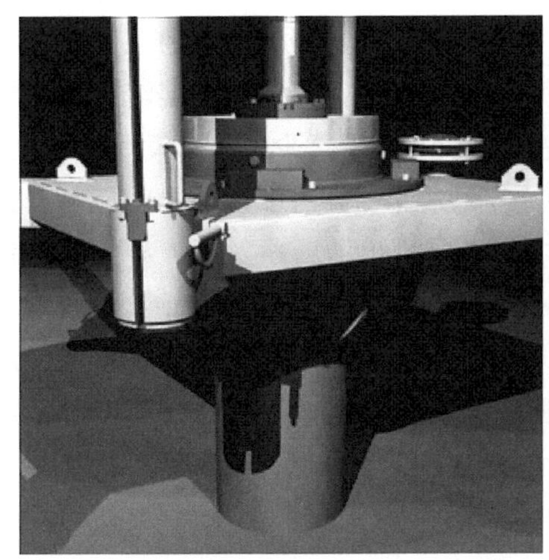

(a) 记录送入工具初始方位

(b) 顺时针旋转送入工具

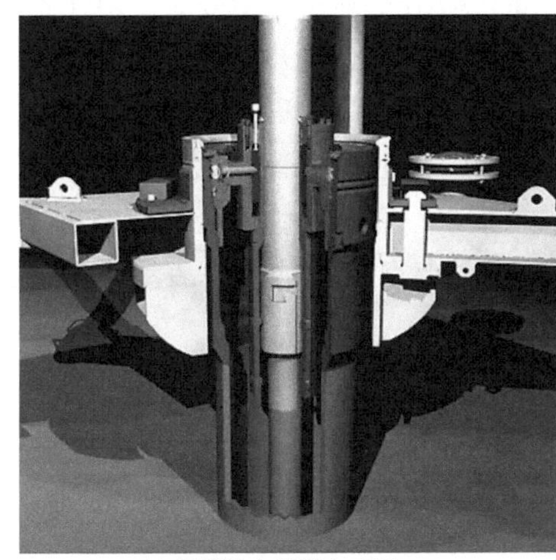

(c) 解锁并上提送入工具

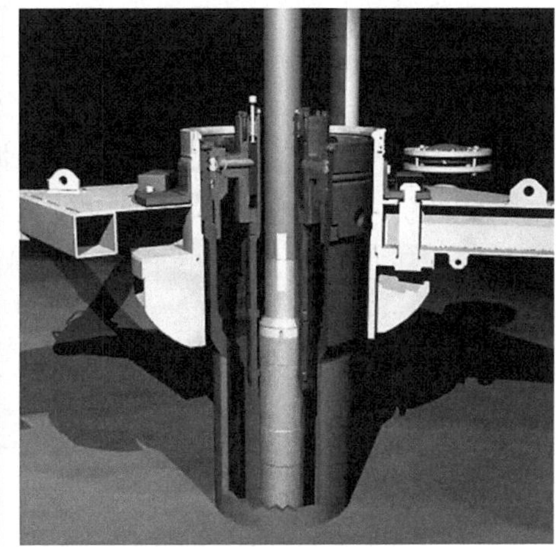

(d) 二开钻进

图 4.4　送入工具解脱示意图

作业载荷；深水井的送入管柱一般选择 139.7mm（5 1/2in）以上的高强度钻杆，超深水一般选择 168.3mm（6 5/8in）以上的高强度钻杆；送入管柱下部通常需使用钻铤或者加重钻杆。

4.1.2　喷射法施工作业注意事项

喷射法安装导管时应注意，喷射前记录喷射管串和入井管柱的浮重，以及低压井口头的水平仪读数和偏离方位，当水平读数小于 0.5°时可以开钻；喷射钻进底部钻具组合后，用 ROV 检查钻头出鞋长度，对马达进行测试及随钻测量（measurement while drilling，MWD)，确认其正常工作；开始时的10～15m应采用小排量、低钻压方式进行喷射；喷射时的钻压应大于入泥导管的浮重，且小于入泥导管串的总浮重，送入工具应保持受拉状态；用海水喷射期间，每下入10m泵入8m^3高黏度清扫液清扫导管和钻具之间的环空；喷射下入导管20m左右，每6m应至少上下活动一次导管串，破坏导管和地层之间的吸附力，防止卡导管；前2～3根导管喷射下入时应打开钻柱补偿器；喷射时的排量应保证导管和地层之间没有排出液；喷射下入导管时应每立柱测量井斜，测量值不超过1.5°；喷射最后3m时为防止导管下沉，应降低排量，并泵入16m^3高黏度清扫液循环清洗导管内的岩屑，同时打开钻柱补偿器，缓慢释放悬重，使导管最终到位时的钻压为泥线以下管柱总浮重的90%，并且到位时的钻压不能低于最大钻压的80%，这样既可以避免管串过分受压发生弯曲，又可使得导管串的承载力趋于最大；喷射结束后静止2～4h，等待地层土壤恢复承载力以支撑导管，同时要记录低压井口头的出泥高度和水平仪读数。

喷射法安装导管时常遇的复杂情况包括导管喷射不到位与卡导管。对于前一种情况可以将平台移到备用井位，重新喷射下导管，如果在原井位和备用井位都喷射不到位，表明海底条件不满足喷射下导管方式，可以换钻入法下导管并固井；对于后一种情况应在送入管柱抗拉强度允许的情况下尝试上提导管至最大允许安全上提力，如果此时仍不能解卡，应先通过钻杆泵入重浆，直到导管内全部灌满重浆，使导管内外形成压差，然后大排量泵入海水，冲刷卡点，同时上提活动导管，直至解卡。

4.2　主要装备与设备

4.2.1　驱动系统及钻柱

喷射法安装导管技术的特点是一趟下钻完成二开井眼。驱动系统、旋转系统、循环系统和起吊系统与钻入法相似，可参考钻入法的主要装备。

喷射管柱串由三部分组成，第一部分为钻具组合，第二部分为导管串，第三部分为送入工具。钻具组合与钻入法中的钻柱近似。导管串的组成包括导管头、导管、套管鞋。送入工具包括导引坐落机构、锁紧与解脱机构、工作状态示位、密封系统、维保构件等。导管喷射安装过程中送入工具将钻具组合与导管串连接在一起，如图4.5所示。

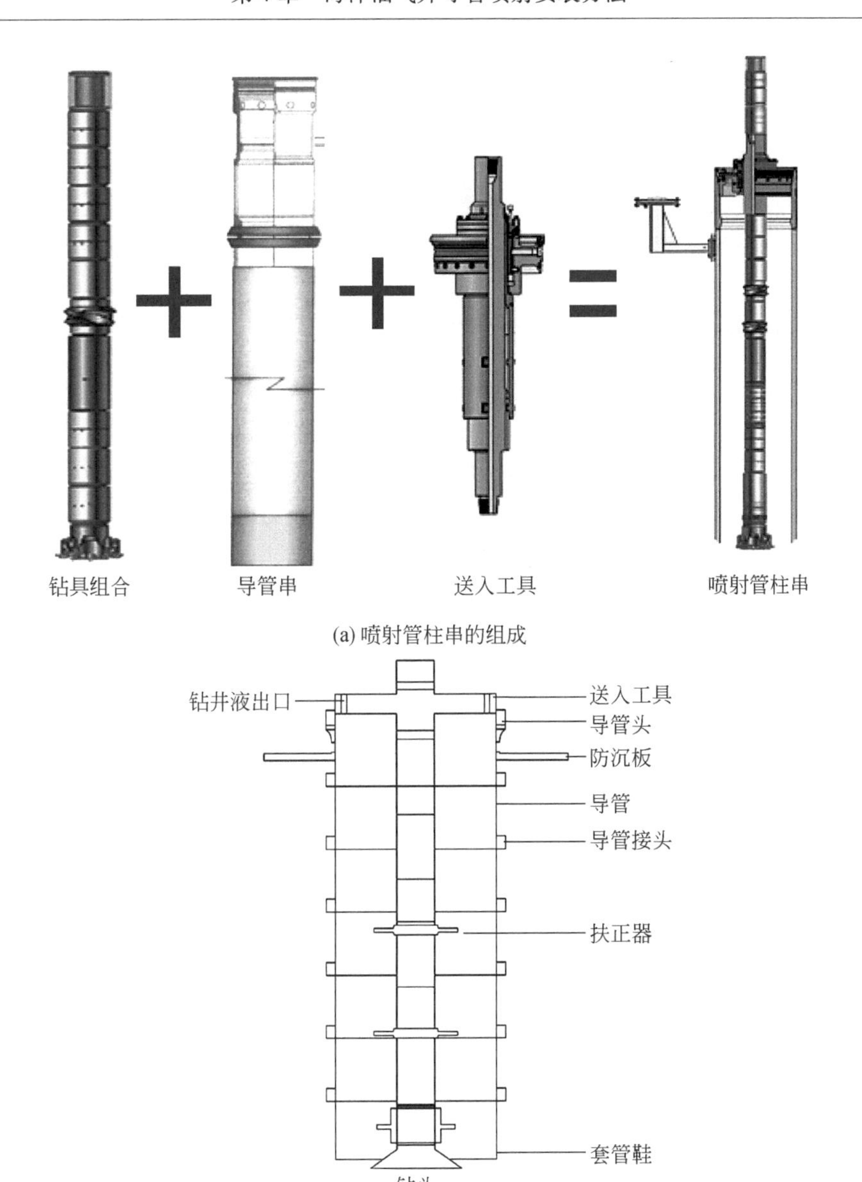

(a) 喷射管柱串的组成

(b) 喷射管柱串示意图

图 4.5　喷射管柱串的组成及其示意图

4.2.2　送入工具

CADA 工具的主要功能是将油气导管送到海面，进行喷射钻井，喷射结束后实施解脱，进行二开钻进。该工具的特点是一趟下钻完成二开井眼，节省一趟下管柱。其系统构成包括导引坐落机构、锁紧与解脱机构、工作状态示位、密封系统、维保构件等。其中，导引坐落机构主要构件包括安装导向头、中心轴、工具本体、防转销等；锁紧

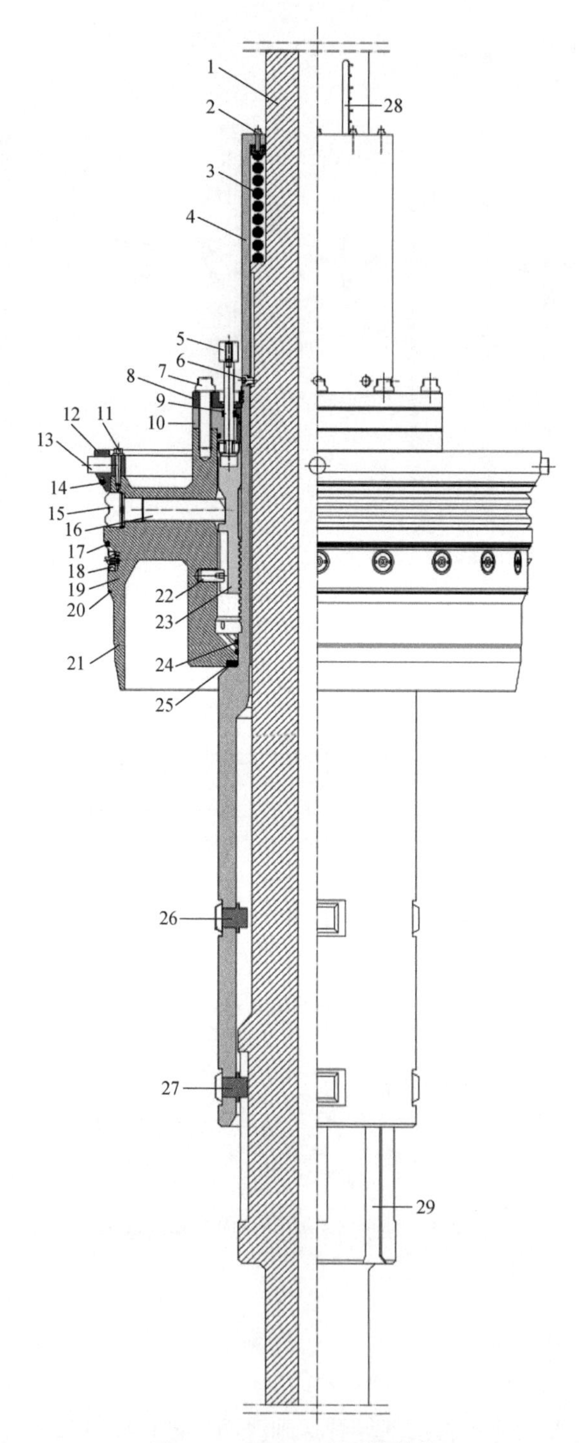

图 4.6　CADA 工具系统结构

1. 中心轴；2. 弹簧紧固螺栓；3. 自适应弹簧；4. 承载套筒；5. 示位标；6. 解脱剪销钉；7. 紧固连接螺栓；8. 半月盖板；9. 示位器密封装置；10. 端部压盖；11. 盖板螺栓；12. 上盖板；13. 防转销；14. 卡簧上密封圈；15. 卡簧；16. 卡簧推杆；17. 卡簧下密封圈；18. 坐落销钉装置；19. 工具本体；20. 下密封圈；21. 安装导向头；22. 轴套防转销；23. 锥面轴套；24. 轴套密封圈；25. 承载垫圈；26. 导向楔；27. 承载楔；28. 自适应标尺；29. H 形槽

与解脱机构包括中心轴、锥面轴套、螺纹副、卡簧推杆、锥面轴套防转销、预应力卡簧、卡簧减阻垫圈总成等；工作状态示位的构成包括锥面轴套、示位杆、示位杆垫圈、示位杆复位弹簧、示位杆减阻帽、示位杆密封圈等。CADA 工具的结构性构件包括工具本体、中心轴、承载套筒、锥面轴套、上盖板、半月盖板、卡簧、卡簧推杆、示位器密封装置、盖板螺栓等（图 4.6）。

CADA 工具的本体结构如图 4.7 所示。工具本体的下端部位由 2 组阶梯状筒形结构构成的工具坐落导向头机构。其主要功能是当 CADA 工具进行钻井平台下入时，导向头机构起到内部管柱的引导、定位功能，并与坐落防转销一起配合将 CADA 工具定位于导管头的安装位置，为下一步操作工序做好准备。

图 4.7　CADA 工具本体结构

1）CADA 工具本体结构

CADA 工具本体结构通过承载套筒中段位置设置的安装台肩及承载垫圈，进行工具本体下端面的装配。工具本体的上端面通过上盖板、半月盖板、盖板螺栓，与承载套筒的上端安装台肩进行安装配合，可实现承载套筒在工具本体中的正旋及反旋。

工具本体上设置有 3 个卡簧推杆的安装槽，卡簧推杆与安装槽进行装配。预应力卡簧装配于工具本体上的卡簧安装槽中，当卡簧安装好后，卡簧减阻垫圈和卡簧推杆将通过卡簧的预紧应力进行机械约束并限位于安装槽内。

2）承载套筒

CADA 工具的承载套筒结构如图 4.8 所示。承载套筒分为上、下两个通径的筒状结构，上端通过自适应弹簧结构与中心轴装配在一起，下端通过承载楔与中心轴上设置的 H 形槽进行形状配合。

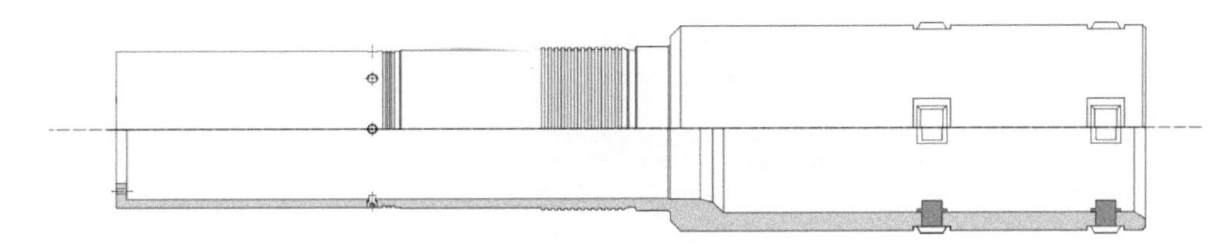

图 4.8　承载套筒

4.3　导管合理下入深度设计

4.3.1　油气井导管载荷分析

根据喷射法技术特点，表层导管与内部喷射管柱通过送入工具连接组合在一起，喷射过程中表层导管底部水射流破坏土体，部分土体随环空返出海底，同时依靠管柱部分重力将表层导管安装到位。在喷射法安装表层导管过程中，喷射形成井眼直径大于表层导管直径，可推荐使用小孔收缩理论的表层导管稳定分析模型进行分析（图 4.9）。

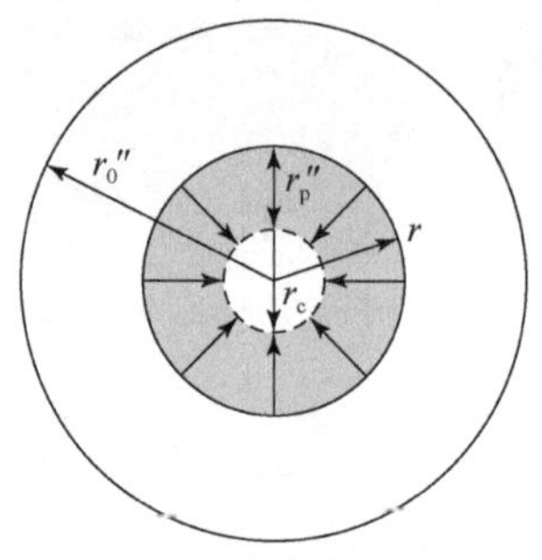

图 4.9　小孔收缩理论

r''_0 为土体弹性区半径，m；r''_p 为土体塑性区半径，m；r_c 为土体收缩后表层导管半径，m；
r 为表层导管周围任意点土体到表层导管中心的距离，m

对于喷射法安装隔水导管，要建立合理的隔水导管下入深度计算模型，就必须考虑隔水导管轴向载荷、隔水导管尺寸、隔水导管与海底土的胶结力、海底土性质等因素的影响。

隔水导管轴向载荷是影响其下入深度的主要因素，其轴向载荷大致由 4 部分组成：管柱上提载荷 $N_{上}$、底部钻压 $W_{钻压}$、导管自重 $W_{导管}$、钻柱自重 $W_{钻柱}$ 和导管侧壁摩擦力 N_f，如图 4.10 所示。

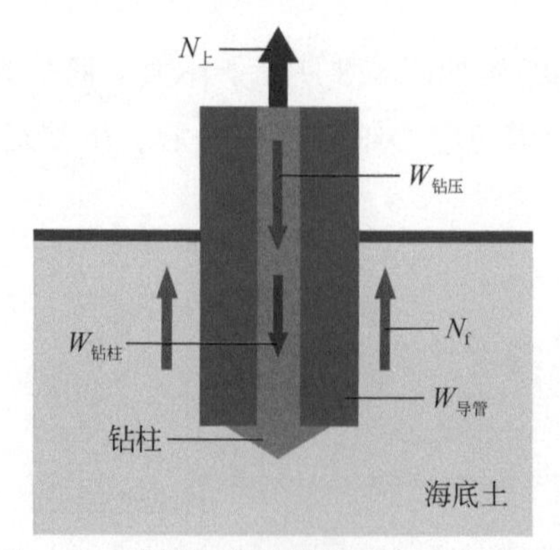

图 4.10　喷射法安装导管下入受力示意图

4.3.2 油气井导管承载力计算模型

4.3.2.1 导管竖向极限承载力计算模型

表层导管喷射到位后，依靠周围海底土回填和密实提供的承载力而保持稳定。在垂直方向，表层导管由自重、内部喷射管柱重力及表层导管侧向摩擦力、表层导管端部阻力共同作用保持平衡，喷射形成的井眼尺寸为 $2r_c$，喷射过程发生土体扰动，形成的扰动区半径为 r_p''，未扰动区的半径为 r_0''，如图4.11所示。

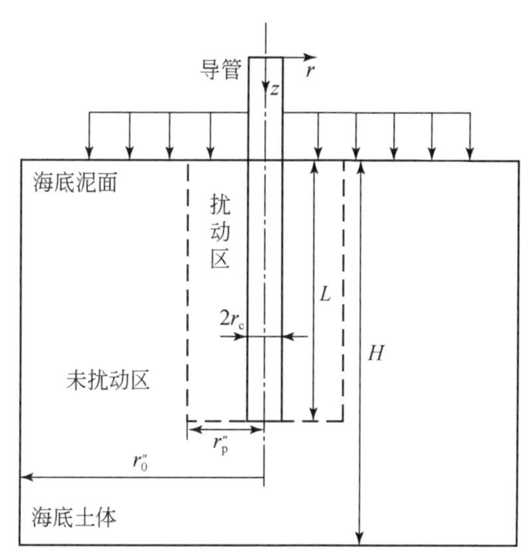

图4.11　表层导管竖向承载力分析示意图

H 为喷射扰动区影响深度，m；L 为入泥深度，m

基于桩土相互作用理论，表层导管的极限承载力计算模型为

$$F_U = \int_0^L \pi d_0 f_u \mathrm{d}x + q_u A \tag{4.1}$$

式中，F_U 为表层导管极限承载力，N；L 为表层导管入泥深度，m；d_0 为表层导管外径，m；f_u 为表层导管与土接触面单位面积摩擦力，Pa；A 为表层导管下端部截面积，m^2；q_u 为表层导管下端部单位面积极限阻力，N/m^2。

由式（4.1）可知，表层导管与土接触面单位面积摩擦力是确定表层导管承载力的关键。

1）黏性土层中表层导管单位面积摩擦力的计算

黏性土层中表层导管单位面积摩擦力可视为土体不排水抗剪强度的函数，计算公式为

$$f_a = \alpha s_u \tag{4.2}$$

式中，α 为黏着系数，$\alpha \leqslant 1$；s_u 为不排水抗剪强度，Pa。

根据 API 标准，其确定方法如下所示：

$$\begin{cases} \alpha = 0.5\psi^{0.5}, & \psi \leqslant 1.0 \\ \alpha = 0.5\psi^{-0.25}, & \psi > 1.0 \\ \psi = s_u / \sigma_r \end{cases} \tag{4.3}$$

式中，σ_r 为有效上覆土压应力，Pa。

对于黏性土层中表层导管单位面积摩擦力取值，采用重塑土的强度值。在没有重塑土强度值的情况下，取原状土强度值的 0.5 倍。

2）黏性土层中表层导管端部单位面积阻力

黏性土层中表层导管端部单位面积阻力计算公式：

$$q_u = N_c s_u \tag{4.4}$$

式中，N_c 为承载力系数，通常取 9。

3）砂性土层中单位面积摩擦力

当表层导管下入砂性土层中时，土与表层导管表面的摩擦阻力可由下式计算：

$$f_u = K\sigma_r \tan\delta \tag{4.5}$$

式中，K 为地层侧压力系数，对轴向压缩荷载取值 0.5～1；δ 为土与表层导管之间摩擦角，一般取 $\sigma = \varphi - 5°$，φ 为土的内摩擦角。

4）砂性土层中表层导管端部单位面积阻力

对于砂性土层中表层导管端部单位面积阻力计算公式：

$$q_u = N_p P_0 \tag{4.6}$$

式中，N_p 为承载力系数；P_0 为导管端部破裂压力，kN。

从式（4.6）可以看出，q_u 值与 P_0 成正比，而 P_0 是随土层埋深增加的。P_0 随深度呈线性增加，但达到某一临界深度时，q_u 不再随深度呈线性增加。

根据 API 标准，非黏性土承载力设计参数见表 4.1。

表 4.1　非黏性土承载力设计参数

土的类别	内摩擦角 φ/(°)	摩擦角 δ/(°)	f_u	N_p	q_u
纯砂	35	30	95.7	40	9600
粉砂	30	25	81.3	20	4800
砂质粉土	25	20	67.0	12	2900
粉土	20	15	47.8	8	1900

4.3.2.2　导管竖向实时承载力计算模型

喷射法安装表层导管过程，表层导管周围土体在水射流作用下发生扰动破坏，土体遇水饱和发生侧阻软化现象，导致表层导管承载力急剧降低，表层导管安装到位后，承载力随时间逐渐恢复。考虑喷射扰动影响，引入表层导管承载力降低系数，则表层导管喷射到位后实时承载力计算模型可表示为

$$F_{ut}=KF_U \tag{4.7}$$

式中，F_{ut}为表层导管实时承载力，N；K为表层导管喷射承载力降低系数。

在喷射施工过程中，表层导管实时承载力受喷射参数影响明显。根据动量定理，水射流对土体作用力与喷射排量的平方成正比，排量增加，水射流对土体作用力增加，表层导管实时承载力降低，排量对表层导管承载力的影响因子可表示为

$$K_1=\left(\frac{Q_0}{Q}\right)^2\ln t \tag{4.8}$$

式中，Q_0为最小喷射破土及挟岩排量，m^3/min；Q为表层导管下入过程平均排量，m^3/min；t为表层导管静置时间，h。

基于水射流理论，水射流对土体作用力与喷嘴射程成反比，钻头伸出量增加，喷射过程水射流射程减小，水射流对土体作用力增加，表层导管承载力降低。钻头伸出量对表层导管承载力影响因子可表示为

$$K_2=\frac{d_i^2}{4\left[R_0+(S-L)\tan(\alpha/2)\right]^2}\ln t \tag{4.9}$$

式中，d_i为表层导管内径，m；R_0为喷嘴距离轴心的水平距离，m；S为钻头喷嘴距离钻头最下端的垂直距离，m；L为喷射安装表层导管过程钻头伸出量，m；α为水射流扩散角，°。

综合考虑静置时间、喷射排量和钻头伸出量因素，表层导管喷射承载力降低系数可表示为

$$K=m(Q_0/Q)\ln t+n\frac{d_i^2}{4\left[R_0+(S-L)\tan(\alpha/2)\right]^2}\ln t \tag{4.10}$$

由式（4.7）和式（4.10）综合可得到表层导管实时承载力计算模型：

$$F_{ut}=\left\{m(Q_0/Q)\ln t+n\frac{d_i^2}{4\left[R_0+(S-L)\tan(\alpha/2)\right]^2}\right\}\ln t\left(\int_0^L \pi d_0 f_u \mathrm{d}x+q_u A\right) \tag{4.11}$$

式（4.11）为考虑喷射扰动的表层导管实时承载力计算模型。

4.3.3　油气井导管合理下入深度计算方法

由图 4.10 导管受力分析，在喷射下入过程中垂直方向上可得如下受力平衡方程：

$$N_{上}+N_f+W_{钻压}=W_{导管}+W_{钻柱} \tag{4.12}$$

式中，$N_{上}$为上提管柱的轴向载荷，kN；$W_{导管}$为导管在海水中的重量，kN；$W_{钻柱}$为钻柱

在海水中的重量，kN；$W_{钻压}$为喷射过程中施加给海底土的压力，kN；N_f 为导管侧向受到的摩擦力，kN。

只有当 $N_f \geq W_{导管}+W_{钻柱}$时，导管才能保持稳定，而不发生失稳下陷。

在给定载荷条件下导管入泥深度计算模型如下：

$$H\pi Df(t)-W\geq 0 \tag{4.13}$$

导管最小入泥深度计算模型为

$$H_{min}=\frac{W}{\pi Df(t)} \tag{4.14}$$

式中，W 为导管上部所受的载荷（包括导管自重），kN；D 为导管外径，m；H_{min}为导管最小入泥深度，m；H为导管入泥深度，m；$f(t)$ 为导管与海底土之间的摩擦力，它的大小取决于海底土与导管接触时间 t，kN/m^2。

从式（4.14）可以看出，导管的入泥深度与导管上部所受的载荷、导管外径、导管自重、导管与海底土之间的摩擦力有关。导管的直径、壁厚一般是确定的，所以导管的入泥深度只与导管上部所受的载荷和导管与海底土之间的摩擦力有关。

4.4 喷射法下入表层导管参数设计

对于喷射法下入表层导管来说，泥浆泵排量对钻进速度有很大的影响，除了满足钻井液挟岩上返要求，还要满足有较好的钻进速度。为了提高喷射施工效率，需要对泥浆排量进行优化计算。

喷射法下入表层导管过程中的水力参数优化设计是指对所采取的钻井泵工作参数（如排量、泵压、泵功率等）、钻头和射流水力参数（喷速、射流冲击力、钻头水功率等）进行设计和优化。分析钻井过程中与水力因素有关的各变量可以看出，当平台上机泵设备、钻具结构、井身结构、钻井液性能和钻头类型确定以后，真正对各水力参数大小有影响的可控制参数就是钻井液排量和喷嘴直径。因此，水力参数优化设计的主要任务就是确定钻井液排量和选择喷嘴直径。本节主要对海上深水钻井喷射法下入表层导管中泵排量的优选方法进行深入研究。

4.4.1 喷射钻压参数设计

4.4.1.1 喷射法施工过程中钻压参数优化方法

1）钻压参数控制方法

目前海上深水钻井采用喷射法下入导管时对钻压参数的控制常采用如下的原则：用钻入泥线以下管串自身重力钻进，保持泥线以上导管和钻杆处于垂直拉伸状态，即保持中和点在泥线以下，控制钻压大于入泥导管的重力，并小于入泥喷射管串总重力。图4.12为表层导管钻井时泥线以下的管串浮重和导管入泥深度的关系，并由此绘制出钻压参数取值区间。

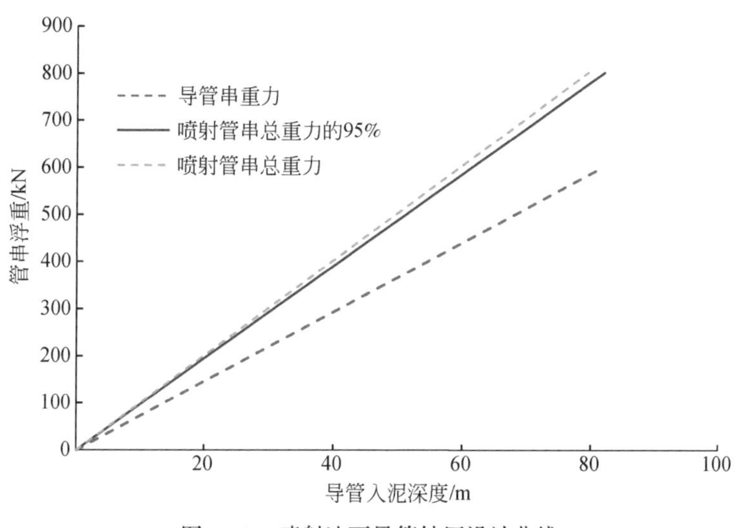

图4.12　喷射法下导管钻压设计曲线

其中，最大喷射管串总重力为导管管串、管内钻具组合、低压井口头短节和送入工具在海水中的质量之和。

由图4.12可知，表层导管入泥深度为20m时，钻压控制在138～180kN，如果钻压超出设计的范围就应降低表层导管钻井速度，增大排量并替入稠膨润土浆清洗或者上下活动导管，直至钻压在设计的范围内后继续表层导管钻进。

对于表层导管钻井来说，导管最终到位时的钻压十分重要，不能低于最大钻压的80%，这样既可以避免管串过分受压发生弯曲，又可使得导管所能承受的总载荷趋于最大。喷射到位钻压用公式表示为

$$W_L = R(W_C + W_A + W_H + W_T) \tag{4.15}$$

式中，W_L 为表层导管到位时的最终钻压，kN；R 为钻压系数，在0.8～1.0之间取值；W_C 为导管在海水中的重力，kN；W_A 为管内钻具组合在海水中的重力，kN；W_H 为井口头短节在海水中的重力，kN；W_T 为导管送入工具在海水中的重力，kN。

2）喷射法下入导管时钻压参数优选理论计算模型

海洋深水喷射法钻井底部钻具组合一般包括26in钻头+井下马达+上部扶正器+钻柱扶正器+钻铤+送入工具+加重钻杆等结构，如图4.13所示。

a. 深水钻井底部钻压（钻头压力）F_{dr}的计算

在钻具组合中，虽然钻井液流过钻头上的压降可以直接计算出来，但是井下马达的压降不是恒定不变的，而是随钻头扭矩的变化而变化，因而马达压降的计算是一个

难点。其计算模型如图 4. 14 所示。

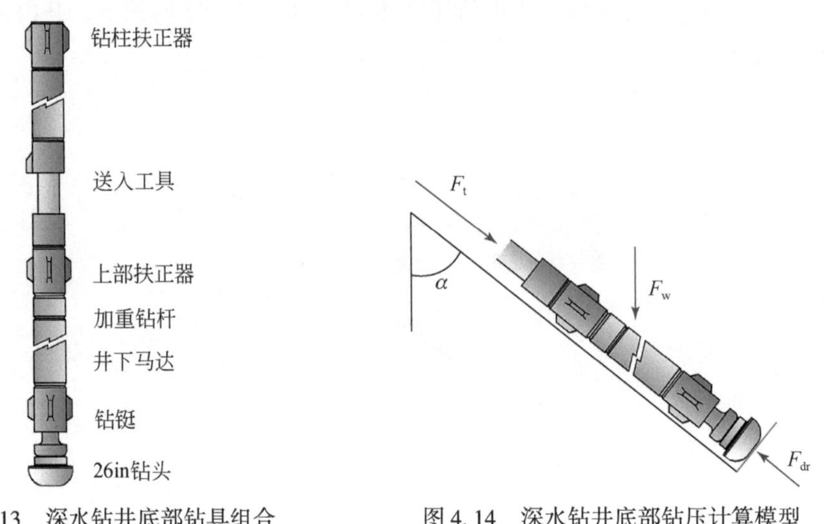

图 4. 13　深水钻井底部钻具组合　　图 4. 14　深水钻井底部钻压计算模型

井下钻具在导管内部，没有与地层直接接触，钻具与导管间环空将充满钻井液，可以忽略底部钻具受到侧摩擦力的影响。因而根据图 4. 14，利用力学平衡关系可知，钻头上的钻压 F_{dr} 是上部钻具传递的下推力 F_t 和海底井口以下钻具重量 F_w（浮重）的函数，即

$$F_{dr}=F_t+F_w\cos\alpha \tag{4.16}$$

式中，α 为井斜角，°。

对于喷射法下入导管的情况，导管下入深度不是很深，因而在钻进过程中出现偏斜的角度非常小，此处井斜角可以近似取为 0°。

b. 上部钻具传递的下推力 F_t 的计算

上部钻具传递的下推力可由下面公式给出：

$$F_t=(\Delta p_d+\Delta p_m)\left(\frac{\pi d^2}{4}-S_d\right) \tag{4.17}$$

其中

$$\Delta p_d=\frac{0.81\rho Q^2}{c^2 d_{ne}^4} \tag{4.18}$$

式中，S_d 为喷嘴射流产生的面积，m^2；Δp_d 为钻头喷嘴产生的压降，kPa；Δp_m 为井下马达产生的压降，kPa；Q 为钻井泵排量，m^3/s；c 为喷嘴流量系数；ρ 为钻井液密度，kg/m^3；d_{ne} 为钻头喷嘴当量直径，m；d 为井下钻具钻头主体内径，m。

Δp_m 随马达转子输出扭矩增大而增大。受钻井因素影响，井下马达的压降并非随马达转子扭矩变化而完全按线性规律增长，即马达的实际工作特性为一条曲线。为了简化计算，忽略机械效率和水力效率的影响，依据马达的理论工作特性得出压降与扭矩关系为

$$\Delta p_{\mathrm{m}}=\frac{2\pi}{V}(M+M_{\mathrm{f}})=\frac{2\pi}{V}M+\frac{2\pi}{V}M_{\mathrm{f}} \tag{4.19}$$

式中，M_{f} 为摩擦扭矩，在实际应用中为常数，N·m；M 为马达转子的输出扭矩，N·m；V 为马达排量，$\mathrm{m^3/s}$。

对于钻井所使用的马达，其排量可计算如下：

$$V=F_0T_{\mathrm{s}}Z_{\mathrm{r}}=F_0T_{\mathrm{r}}(Z_{\mathrm{r}}+1)=F_0T_{\mathrm{r}}Z \tag{4.20}$$

式中，F_0 为过流面积，$\mathrm{m^2}$；T_{s} 为衬套导程，m；T_{r} 为螺杆导程，m；Z_{r} 为衬套线数；Z 为螺杆线数。

当井下马达转子未输出扭矩，即 $M=0$ 时，压降为马达空转压降，记作 Δp_0，则有

$$\Delta p_0=\frac{2\pi}{V}M_{\mathrm{f}} \tag{4.21}$$

因而式（4.19）可变为

$$\Delta p_{\mathrm{m}}=\frac{2\pi}{V}(M+M_{\mathrm{f}})=\frac{2\pi}{V}M+\Delta p_0 \tag{4.22}$$

由上述可知，当马达带负载运转时，其压降由两部分组成，一部分为空转压降（起动压降）Δp_0（马达空载运转时其进出口间的压差并非为零，此时的马达压降为空转压降），它用于转子克服钻具内部摩擦和水力摩阻。它的大小直接反映马达的配合状态，马达配合过盈量越大，空转压降越大，转矩内部损耗能量越大，空转压降一般为 0.5～1.0MPa，具体数值可由实验求得；另一部分为带载运转时克服地层的阻力矩 Δp_{L}，它等于井下马达工作压降 Δp_{m} 与空转压降 Δp_0 之差，即

$$\Delta p_{\mathrm{L}}=\Delta p_{\mathrm{m}}-\Delta p_0 \tag{4.23}$$

式中，Δp_{L}表示带载运转时克服地层的阻力矩。

此外，钻头的扭转系数描述了钻头扭矩与钻头压力的关系，其值受钻头类型和地层软硬的影响，关系如下：

$$C_{\mathrm{m}}=\frac{M}{F_{\mathrm{dr}}d_{\mathrm{b}}} \tag{4.24}$$

式中，C_{m} 为钻头的扭转系数；M 为马达转子的输出扭矩，N·m；F_{dr} 为钻头钻压，kPa；d_{b} 为钻头直径，m。

对于不同类型的钻头，其扭转系数是不同的，牙轮钻头的扭转系数为 0.03～0.05，金刚石钻头的扭转系数为 0.1～0.3。对于深水钻井大多数采用的是以三牙轮钻头进行钻进。

3）海底井口以下钻具重量 F_{w}（浮重）

海底井口以下钻具主要包括钻头浮重、井下马达浮重、上下部扶正器浮重、钻铤浮重、钻杆和加重钻杆浮重以及井下其他结构的重量等，这些井下钻具的浮重都可以根据结构的尺寸（如外径、壁厚、长度等）和材料及钻井液的密度计算求得。此处导

管下入方式为垂直下入，故井斜角可以近似取为0°，即 $\cos\alpha=1$。

4）井底钻压（钻头钻压）的计算

由以上的分析可以看出，上部钻具传递的下推力 F_t 实际上与钻头钻压有关，其随着钻头钻压的增大而增大，而钻头钻压又是上部钻具传递的下推力 F_t 的函数，所以钻头钻压的计算过程实际上是一个迭代的计算过程，具体实现步骤如下：

（1）计一个初始钻头钻压 $F_{dr}^{(0)}$，取 $F_{dr}=F_{dr}^{(0)}$；

（2）由式（4.17）计算出马达转子的输出扭矩，进而求出井下马达产生的压降 Δp_m；

（3）由式（4.18）计算出钻头喷嘴产生的压降 Δp_d；

（4）由（2）和（3）求出上部钻具传递的下推力 F_t；

（5）将 F_t 代入式（4.16）计算出底部钻压，即钻头钻压 $F_{dr}^{(1)}$；

（6）再以 $F_{dr}^{(1)}$ 为初始值进行迭代计算，即取 $F_{dr}=F_{dr}^{(1)}$；

（7）重复步骤（2）~（5），求出钻头钻压 $F_{dr}^{(2)}$；

（8）给定一个允许的误差限值 ε，当满足 $|F_{dr}^{(2)}-F_{dr}^{(1)}|\leqslant\varepsilon$ 时，则满足收敛准则，结束循环，此时的钻头钻压即 $F_{dr}^{(2)}$，否则重复上面各步骤，直至满足 $|F_{dr}^{(i+1)}-F_{dr}^{(i)}|\leqslant\varepsilon$ 为止。

循环迭代过程如4.15所示：

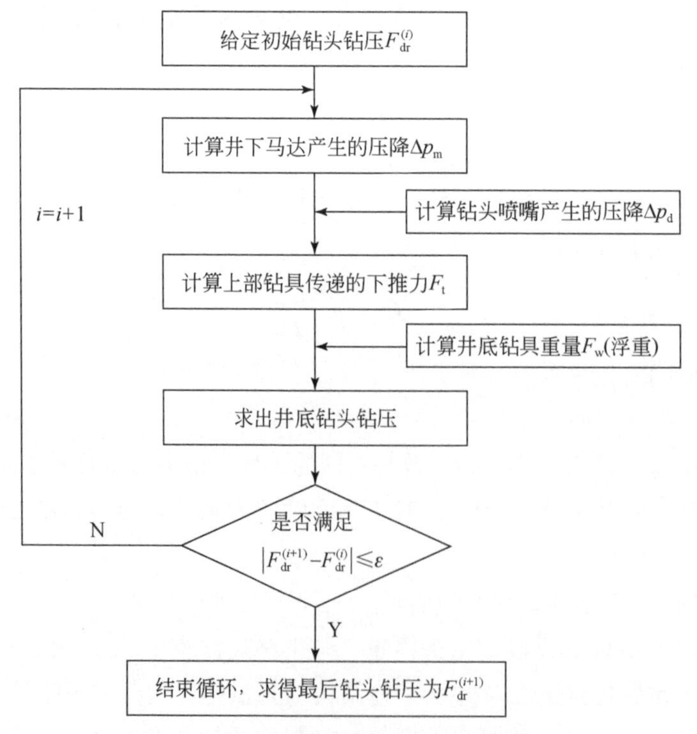

图4.15　深水钻井底部钻头钻压求解流程图

5）上部钻具传递的下推力 F_t 的计算

通过上面对井底钻头钻压的循环迭代求解，可求得满足误差条件的值 $F_{dr}^{(i+1)}$，即

$$F_{dr}=F_{dr}^{(i+1)} \tag{4.25}$$

钻头的扭转系数 C_m 已知，故可求得马达转子的输出扭矩 M，进而求得此时马达产生的压降 Δp_m；在已知钻井泵排量的情况下，即可求出钻头喷嘴产生的压降 Δp_d；将 Δp_m 和 Δp_d 代入式（4.17）中进行计算，从而反推出上部钻具传递的下推力 F_t。

6）喷射法下入表层导管过程中钻压计算

喷射法下入表层导管过程中管柱轴向力包括钻柱上提力 T、钻井液在环空中及钻杆中循环产生的摩阻、钻柱浮重 G_2、导管侧向阻力 Q_f、钻压 W、钻头射流力 F_j、套管浮重 G_1。受力分析如图4.16所示。

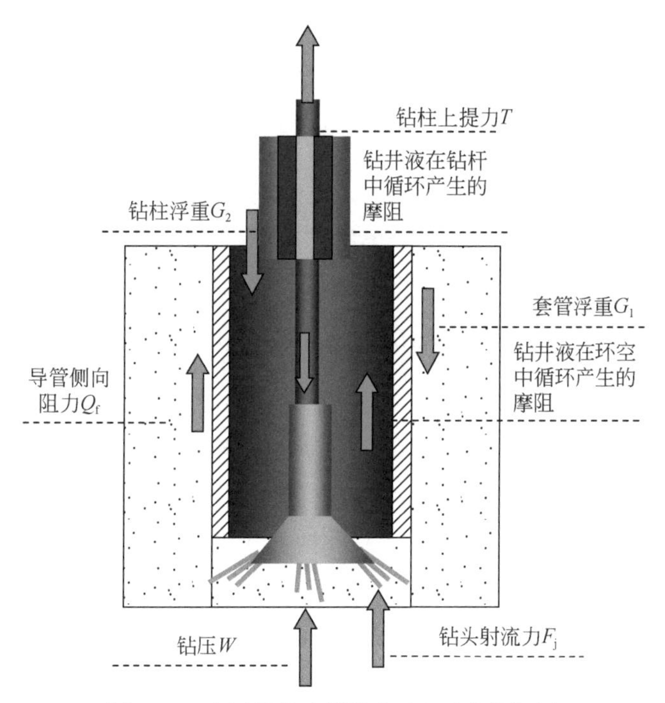

图4.16　表层导管喷射钻进过程受力分析图

a. 钻柱与表层导管在没有钻井液的情况下自重

$$G=q_d l_d+q_c l_c \tag{4.26}$$

在有钻井液的情况下，由于受到钻井液的浮力作用，则浮重

$$G_0=G_1+G_2=K_B G=(1-\rho_d/\rho_s)(q_d l_d+q_c l_c) \tag{4.27}$$

式中，G_0 为钻柱与表层导管的浮重，kN；K_B 为浮力系数；ρ_d 为钻井液密度，g/cm^3；ρ_s 为钻柱与表层导管密度，g/cm^3；q_d、q_c 分别为钻柱、表层导管单位长度的重力，kN/m；l_d、l_c 分别为钻柱、表层导管的长度，m。

b. 导管轴向极限承载力

$$Q = Q_f + Q_p = fA_s \tag{4.28}$$

式中，Q_f 为导管侧壁摩阻力，t；Q_p 为导管端阻力，t；A_s 为导管侧壁表面积，m^2；f 为导管侧壁单位摩擦力，t/m^2。

c. 钻井液从钻头喷出的射流力

$$F_j = \frac{\rho_d Q^2}{100A_0} \tag{4.29}$$

式中，F_j 为射流力，kN；Q 为通过钻头喷嘴的钻井液流量，L/s；A_0为喷嘴出口截面积，cm^2；ρ_d 为钻井液密度，g/cm^3。

d. 钻井液在钻杆中循环产生的摩阻力 F_h

$$F_h = \pi L_1 d_d \left[\tau_0 + \eta_p \frac{\rho_m g}{4A_v} d_d \right] \tag{4.30}$$

式中，F_h 为钻杆中流体摩阻力，kN；L_1 为钻杆长度，m；τ_0 为流体动切力，Pa；ρ_m 为表层导管中流体密度，g/cm^3；d_d 为钻杆内径，m；η_p 为流体塑性黏度，Pa · s；A_v 为流体动力黏度，Pa · s；g 为重力加速度，m/s^2。

e. 表层导管中流体摩阻力

$$F_a = \pi L_2 d_c \left[\tau_0 + \eta_p \frac{\rho_m g}{4A_v} d_c \right] \tag{4.31}$$

式中，F_a 为表层导管中流体摩阻力，kN；L_2 为表层导管长度，m；τ_0 为流体动切力，Pa；ρ_m 为表层导管中流体密度，g/cm^3；d_c 为表层导管内径，m；η_p 为流体塑性黏度，Pa · s；A_v 为流体动力黏度，Pa · s；g 为重力加速度，m/s^2。

f. 钻柱上部的上提力 T 为正时，表示钻柱上部受拉；为负时，表示钻柱上部受压。

g. 由 $G_0 + F_h = T + Q_f + F_a + F_j + W$ 得到钻压的计算模型为

$$\begin{aligned} W &= G_0 + F_h - F_a - F_j - Q_f - T \\ &= (1 - \rho_d/\rho_s)(q_d l_d + q_c l_c) + \pi L_1 d_d \left[\tau_0 + \eta_p \frac{\rho_m g}{4A_v} d_d \right] - \pi L_2 d_c \left[\tau_0 + \eta_p \frac{\rho_m g}{4A_v} d_c \right] \\ &\quad - \frac{\rho_d Q^2}{100A_0} - Q_f - T \end{aligned} \tag{4.32}$$

式中，W 为钻压，kN；ρ_d 为钻井液密度，g/cm^3；ρ_s 为钻柱与表层导管密度，g/cm^3；q_d、q_c 分别为钻柱、表层导管单位长度的重力，kN/m；l_d、l_c 分别为钻柱、表层导管的长度，m；L_1、L_2 分别为钻杆、钻铤的长度，m；d_d、d_c 分别为钻杆、钻铤的内径，m；τ_0 为流体动切力，Pa；η_p 为流体塑性黏度，Pa · s；ρ_m 为表层导管中流体密度，g/cm^3；A_v 为流体动力黏度，Pa · s；Q 为通过钻头喷嘴的钻井液流量，L/s；A_0 为喷嘴出口截面积，cm^2。

4.4.1.2　喷射法下入表层导管钻井钻压参数控制原则

喷射法下入表层导管钻井钻压参数控制原则为用钻入泥线以下管串自身重力钻进，保持泥线以上表层导管和钻杆处于垂直拉伸状态，即保持中和点在泥线以下，控制钻压大于入泥表层导管的重力，并小于入泥喷射管串的总重力。如果钻压过大将使表层导管中和点位于泥线以上而使表层导管被压弯，过小则使表层导管下入受阻，不能顺利喷射到位。

在喷射钻进时，将中和点控制在泥线以下是为了保证表层导管不发生偏离，如果中和点在泥线以上，将导致表层导管因没有周围土壤的周向支撑而发生偏斜，所以钻压的控制要严格按泥线以下表层导管浮重控制。上提力减小，钻压增大，中和点上移；上提力增大，钻压变小，中和点下移。

根据工程经验，钻压一般不超过泥线以下表层导管和 BHA 浮重之和的 80%，其表达式见式（4.33）。从已钻深水井喷射经验来看，只有当表层导管下入最后几米时，钻压才可以加大至表层导管和 BHA 浮重之和的 100%。

$$W_L = R(W_C + W_A + W_H + W_T) \tag{4.33}$$

式中，W_L 为表层导管到位时的最终钻压，kN；R 为钻压系数，在 0.8 ~ 1.0 之间取值；W_C 为导管在海水中的重力，kN；W_A 为管内钻具组合在海水中的重力，kN；W_H 为井口头短节在海水中的重力，kN；W_T 为导管送入工具在海水中的重力，kN。

统计国内外部分已钻深水井的实时钻压数据如图 4.17 和图 4.18 所示。

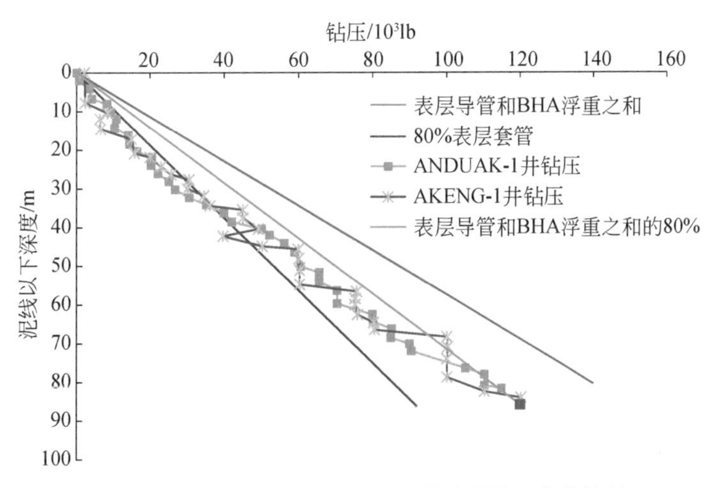

图 4.17　西太平洋深水井表层导管喷射钻压曲线统计

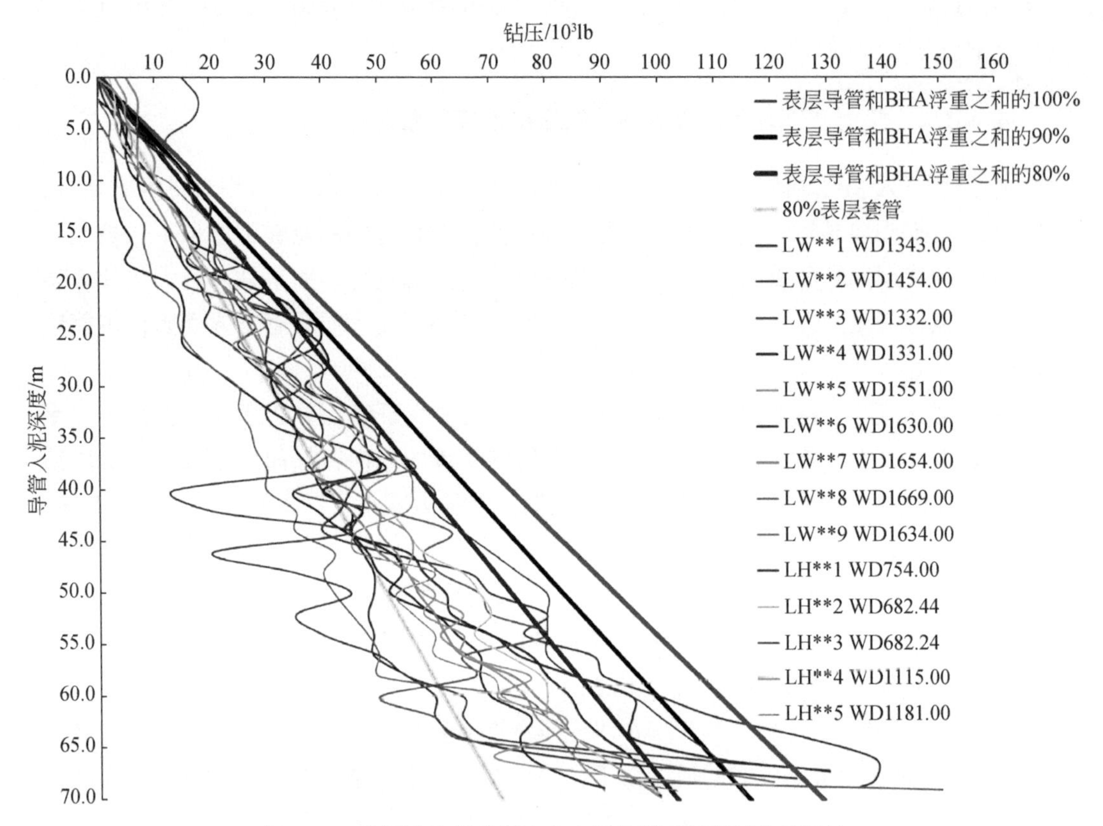

图 4.18　我国南海部分深水井表层导管喷射钻压曲线统计

通过分析上述已钻深水井钻压曲线可知，表层导管在喷射过程中的实际钻压符合钻压控制原则，一般小于设计钻压（即泥线下表层导管和 BHA 浮重之和的 80%），表层导管在距离设计目标深度 3～5m 时，加大钻压至泥线以下表层导管和 BHA 浮重之和的 100%，以使表层导管顺利到位。

4.4.2　喷射排量参数设计

4.4.2.1　最小排量设计理论

最小排量是指钻井液挟带岩屑所需要的最低排量。只要确定了挟带岩屑所需最低排量钻井液的环空平均返速，也就确定了最小排量。

1）钻井液环空平均返速 v_f 的确定

合理地选择环空平均返速是确保优质、快速、安全钻井的关键，也是钻井中优选水力参数的主要内容之一。一般而言，环空平均返速受到下列条件的限制：泥浆泵的功率、地层条件和钻进条件（包括井身结构、钻具结构、钻井液性能和钻速等）。因此，确定合理的环空平均返速的基本原则是在既定的条件下，充分发挥泵的水力功率，以获得尽可能大的钻头水马力；并在保证安全的前提下有效减小钻进过程中的井底压差，以提高钻进速度。

a. 岩屑的运移速度 v_c

在钻进过程中，井底的岩屑被钻井液挟带通过钻柱与表层导管之间的环空向井口运移，同时由于重力作用，其又具有一定的沉降速度。岩屑的平均运移速度为

$$v_c = v_f - v_s \tag{4.34}$$

式中，v_c 为岩屑的平均运移速度，m/s；v_f 为钻井液环空平均返速，m/s；v_s 为岩屑在钻井液中的平均沉降速度，m/s。

显然，要使岩屑获得一个向上的平均运移速度，被挟带至地面，其必要的条件为

$$v_f > v_s \tag{4.35}$$

其中，在当量颗粒雷诺数较小的情况下：

$$v_s = \frac{0.0707 d_s (\rho_s - \rho_d)^{\frac{2}{3}}}{\rho_d^{\frac{1}{3}} \mu_e^{\frac{1}{3}}} \tag{4.36}$$

式中，d_s 为岩屑的平均直径（根据经验，软地层刮刀钻头 $d_s = 1.5\text{cm}$，牙轮钻头 $d_s = 1.0\text{cm}$），cm；ρ_s 为岩屑密度，g/cm^3；ρ_d 为钻井液的密度，g/cm^3；μ_e 为钻井液的有效黏度，Pa · s。

钻井液的有效黏度 μ_e 可按下式进行计算：

$$\mu_e = K \left(\frac{d_{cas} - d_p}{1200 v_f} \right)^{1-n} \left(\frac{2n+1}{3n} \right)^n \tag{4.37}$$

式中，d_{cas} 为表层导管内径，cm；d_p 为钻柱外径，cm；K 为钻井液稠度系数，s^{1-n}；n 为钻井液的流性指数。

其中，钻井液稠度系数 K 和钻井液的流性指数 n 计算公式为

$$K = 0.511 \theta_{600} / 1022^n \tag{4.38}$$

$$n = 3.322 \lg \left(\frac{\theta_{600}}{\theta_{300}} \right) \tag{4.39}$$

式中，θ_{600} 为旋转黏度计 600r/min 时的读数；θ_{300} 为旋转黏度计 300r/min 时的读数。

b. 岩屑体积浓度 C_a

在喷射法钻进过程中忽略井眼的偏斜，则可将钻井液在环空内的流动视为垂直管中液-固两相流动，可近似地推导出环空中岩屑体积浓度与环空返速的关系。

假设环空中岩屑颗粒的体积流量为 Q_s，体积浓度为 C_a，钻井液的体积流量为 Q_f，环空截面积为 A，则钻井液环空平均返速又可表示为

$$v_f = \frac{Q_f}{A(1 - C_a)} \tag{4.40}$$

同样，岩屑的上升速度又可表示为

$$v_c=\frac{Q_s}{AC_a} \tag{4.41}$$

因而，钻井液的体积流量与岩屑颗粒的体积流量之比为

$$\frac{Q_f}{Q_s}=\frac{v_f(1-C_a)}{v_c C_a} \tag{4.42}$$

环空中混合物的体积流量为

$$Q_m=Q_f+Q_s \tag{4.43}$$

故混合物流速为

$$v_m=\frac{Q_m}{A}=\frac{Q_f+Q_s}{A}=(1-C_a)v_f+C_a v_c \tag{4.44}$$

将式（4.40）与式（4.41）联立起来，代入式（4.44）得

$$v_f=v_m+C_a v_s \tag{4.45}$$

因而，岩屑浓度为

$$C_a=\frac{v_f-v_m}{v_s} \tag{4.46}$$

c. 岩屑举升效率 K_s

钻井液环空平均返速与钻井液的环空挟带岩屑能力有关，钻井液的环空挟带岩屑能力通常用岩屑的举升效率（或称为岩屑的运载比）K_s 来表示。岩屑举升效率是指岩屑在环空中的平均运移速度与钻井液环空平均返速之比，即

$$K_s=\frac{v_c}{v_f} \tag{4.47}$$

将式（4.34）代入式（4.47）中，可得

$$K_s=\frac{v_c}{v_f}=\frac{v_f-v_s}{v_f}=1-\frac{v_s}{v_f} \tag{4.48}$$

式中，v_f 为钻井液环空平均返速，m/s；v_s 为岩屑在钻井液中的平均沉降速度，m/s。

在工程上为了保持钻进过程中产生的岩屑量与井口返出岩屑量相平衡，一般要求

$$K_s \geqslant 0.5 \tag{4.49}$$

即要求

$$K_s=1-\frac{v_s}{v_f}\geqslant 0.5 \tag{4.50}$$

也就是

$$v_s \leqslant 0.5 v_f \tag{4.51}$$

d. 钻井液环空平均返速 v_f

钻井液环空平均返速可表示为

$$v_{\mathrm{f}}=\frac{Q}{A} \tag{4.52}$$

其中

$$A=\frac{\pi}{4}(d_{\mathrm{cas}}^{2}-d_{\mathrm{p}}^{2})$$

式中，Q 为钻井液环空体积流量，cm^3；d_{cas} 为表层导管内径，cm；d_{p} 为钻柱外径，cm；A 为环空截面积，cm^2。

2）钻井液挟岩所需的最小排量 Q_{a}

联立式（4.36）、式（4.37）、式（4.51）及式（4.52），可得

$$\frac{0.0707d_{\mathrm{s}}(\rho_{\mathrm{s}}-\rho_{\mathrm{d}})^{\frac{2}{3}}}{\rho_{\mathrm{d}}^{\frac{1}{3}}\mu_{\mathrm{e}}^{\frac{1}{3}}}\leqslant 0.5v_{\mathrm{f}} \tag{4.53}$$

$$\mu_{\mathrm{e}}=K\left(\frac{d_{\mathrm{cas}}-d_{\mathrm{p}}}{1200v_{\mathrm{f}}}\right)^{1-n}\left(\frac{2n+1}{3n}\right)^{n} \tag{4.54}$$

$$v_{\mathrm{f}}=\frac{Q_{\mathrm{a}}}{\frac{\pi}{40}(d_{\mathrm{h}}^{2}-d_{\mathrm{p}}^{2})} \tag{4.55}$$

式中，Q_{a} 为最小排量，L/s。

通过上述公式的联合求解，即可求得钻井液挟带岩屑所需的最小排量 Q_{a}。

4.4.2.2　满足破岩要求时的泵排量优选方法

在海洋深水采用喷射法下入表层导管过程中要求表层导管与内部钻柱下入同步，钻头尺寸小于表层导管尺寸，因而表层导管的下入主要靠其自重和钻头的旋转喷射扩孔来实现。因而，在对泵排量优选时还要考虑喷射破岩的要求，如果排量过小，提供的射流力不足以破岩，会导致喷射扩孔不够充分，使得表层导管下入缓慢，影响钻进。

下面对满足破岩要求时合理的泵排量选择方法进行研究。

1）水射流的破土机理

水射流作用于土体时，其部分动量转化为对土体的冲击力，从而引起土体受力破坏，概括起来，有以下几种作用形式。

（1）空化破坏作用：射流打击土体时，在压力梯度大的部位将产生空泡，空泡的崩溃对打击面上的土体具有较大的破坏力。此外，在空泡中水射流激烈紊动，也会把较软弱的土体掏空，造成空泡扩大，使更多的土体遭受破坏。

（2）动压破坏作用：由水射流理论可知，水射流的动压与流速的平方成正比。高压发生装置的压力越高，水射流流速越大，产生的动压力也越大。

（3）疲劳破坏作用：高压发生装置为多缸活塞泵，随着活塞的往复变速运动，每

一瞬间产生的压力和流量都是随之波动的，故水射流为连续脉冲运动的液流。当水射流不停地以脉冲式冲击土体时，土体颗粒表面会受到脉动负荷的影响，逐渐积累其残余变形，使土颗粒失去平衡，从土体上崩落下来，促使了土体的破坏。

（4）冲击作用：水射流断续地锤击土体，产生冲击力，促使破坏进一步发展。

（5）水楔作用：当水射流充满土体时，由于水射流的反作用力，产生水楔。在垂直水射流轴线的方向上，水射流楔入土体的裂隙或薄弱部位中，此时水射流的动压变为静压，使土体发生剥落，裂隙加宽。

（6）挤压作用：在水射流的末端，能量衰减很大，不能直接冲击土体使土体颗粒剥落，但能对有射程的边界土体产生挤压力，对四周土体有压密作用。

在土体的破坏过程中，上述这些作用有可能共同作用，但是在不同条件下或对不同种类的土质，也有可能其中的一两项起主导作用，其他的起次要作用。

2）土体临界破坏压力

由水射流破土机理可知，在水射流打击下，土体的破坏不仅与水射流参数有关，而且还与土体参数有关。水射流参数决定水射流作用力的大小，而土体参数决定土体的物理力学性质。土体参数是土体本身所固有的物质属性，在水射流破土过程中，体现为一种抵抗力，并称为土体临界破坏压力。土体临界破坏压力是由土体本身参数唯一确定的，只有当水射流的作用压力大于或等于土体的临界破坏压力时，土体才会发生破坏。

土体临界破坏压力的确定涉及力学、流体力学、土力学等多方面的知识，加之在水射流打击过程中不确定的因素较多，人们通常借助实验手段进行研究。根据李范山等（1997）总结出的经验公式进行计算，认为土体在射流力作用下的临界破坏压力与土的渗透性、土颗粒粒径的大小等参数有关，即

$$F_{cr}=\beta\tau_f^2\left(\frac{d_{60}}{k}\right)^{-2}\gamma_d^{-1} \tag{4.56}$$

式中，F_{cr}为土体的临界破坏压力，kN；β为修正系数，经实验测定，$\beta=1.8\times10^{13}$；τ_f为土质的抗剪强度，kPa；d_{60}为土颗粒限定粒径，mm；γ_d为干土重度，kN/m^3；k为土质的渗透系数，m/s；$\frac{d_{60}}{k}$为土质的抗冲蚀强度。

3）水射流的破土方程

在水射流打击下，土体发生破坏的必要条件是土体表面所受到的平均射流作用力必须大于土体的临界破坏压力，即

$$\overline{F_b}>F_{cr} \tag{4.57}$$

其中

$$\overline{F_b}=\frac{p_0R_0^2}{0.0127x^2} \tag{4.58}$$

式中，$\overline{F_b}$为单位面积上的平均射流作用力，kN；p_0 为喷嘴出口压力，kN · m^2；R_0 为喷嘴出口半径，mm；x 为水射流打击射程，m。

将式（4.57）和式（4.58）代入式（4.56）中，可得

$$\frac{p_0R_0^2}{0.0127x^2}=\beta\tau_f^2\left(\frac{d_{60}}{k}\right)^{-2}\gamma_d^{-1} \tag{4.59}$$

整理得

$$p_0=0.0127\beta\tau_f^2\left(\frac{d_{60}}{k}\right)^{-2}\frac{x^2}{R_0^2}\gamma_d^{-1} \tag{4.60}$$

式中，p_0 为喷嘴出口压力，kN/m^2；

式（4.60）即水射流破土的理论方程。

4）射流力计算公式

压力和流量是水射流的两个基本参数，其大小决定了水射流的工作能力。由水射流理论可知，射流参数与喷嘴当量直径满足下列关系：

$$Q=C\pi d_{ne}^2\sqrt{\frac{p_0}{8\rho_d}} \tag{4.61}$$

其中

$$d_{ne}=\sqrt{\sum_{i=1}^{z}d_i^2} \tag{4.62}$$

式中，Q 为泵排量，g/min；p_0 为喷嘴出口压力，kN/m^2；d_{ne}为喷嘴当量直径，mm；d_i 为喷嘴直径，mm；ρ_d 为钻井液密度，g/cm^3；C 为喷嘴流量系数，一般为 0.95 ~ 0.97；z 为喷嘴个数。

联立式（4.60）和式（4.61），可得

$$Q_{min}=C\pi d_{ne}^2\sqrt{\frac{0.0127\beta\tau_f^2\left(\frac{d_{60}}{k}\right)^{-2}\frac{x^2}{R_0^2}\gamma_d^{-1}}{8\rho_d}} \tag{4.63}$$

式中，Q_{min}为满足破岩条件的最小泵排量，s^{-1}。

从式（4.63）可以看出，满足破岩条件所需的最小泵排量 Q_{min}与喷嘴当量直径 d_{ne}、钻井液密度 ρ_d、喷嘴结构、射流打击射程 x、土壤的渗透系数 k、土壤的抗剪强度和抗冲蚀强度等因素有关。这些参数都可以通过钻头结构、喷嘴结构及土壤样本分析获得。

4.4.2.3　深水表层导管喷射排量控制原则

在表层导管刚开始刺入泥面时，为了防止喷嘴堵塞，同时为了避免钻井液从表层导管周围溢出，泵需保持很小的排量（10g/min 左右），随后泵排量逐渐增大，从部分

已钻深水井排量数据看来，排量至泥线下 20m 左右深度达到最大值（1000g/min 左右），并且一直保持最大排量喷射到表层导管下入最终深度。一般情况下，当表层导管接近其最终深度（最后 3 ~ 5m）时，泵速减少，以保证表层导管鞋附近的沉积岩不被冲刷掉，避免引起表层导管下沉。在喷射过程中 ROV 要始终检测表层导管周围，确保喷射流体从表层导管和 BHA 的环形空间上返，然后从下入工具的出口流出。如果一旦发生喷射流体从表层导管周围流出的情况，就应该迅速减小泵的排量。

某深水井喷射排量控制方法如下。

(1) 调整补偿器，下钻至海底。ROV 在低压井口头上观察牛眼确保整个管柱垂直。探泥面之前记录大钩悬重，以 10SPM① 的排量边循环边探泥面（足够防止喷嘴堵塞），施加钻压 5×10^3 ~ 10×10^3lb，直到地层有足够强度。将海底深度和水深根据潮汐表校正到海平面深度并记录。ROV 在安全的位置监测整个喷射作业。

(2) 以 1m/min 的速度先喷射，排量由 300g/min 逐渐增加到 600g/min。用 ROV 在海底监测，看是否有钻井液从 30in 表层导管周围溢出的迹象，如果发现有海水溢出，立即降低排量直到停止有海水溢出。

(3) 喷射 5m 之后，逐渐提高排量到 1000g/min，在海底观察是否有返出，如果发现 30in 表层导管外面有返出，降低排量直至 30in 表层导管外的返出停止。

统计目前已钻部分深水井的排量数据如图 4.19 所示。

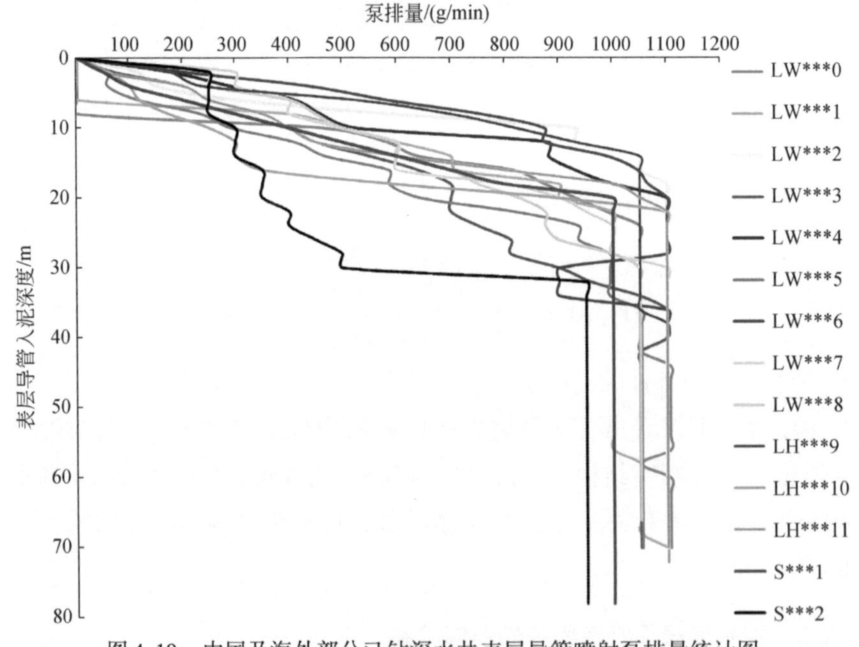

图 4.19　中国及海外部分已钻深水井表层导管喷射泵排量统计图

① 1SPM = 1 冲程/min。

4.4.3 钻头伸出量设计

喷射法下入工艺的主要参数包括钻压、排量以及钻头伸出量等，本节主要介绍如何设计合理的钻头伸出量。钻头伸出量是指钻头底部伸出套管鞋的长度。在喷射法钻井过程中这个长度始终保持不变，即与套管在竖直方向上成为一体，同步下入地层。合理的钻头伸出量可以在极大程度上提高喷射法钻进速度，节约钻井时间，从而节约钻井成本，因而对钻头伸出量进行优选是十分重要的。下面列出了几种钻头伸出情况，如图 4.20 ~ 图 4.22 所示。

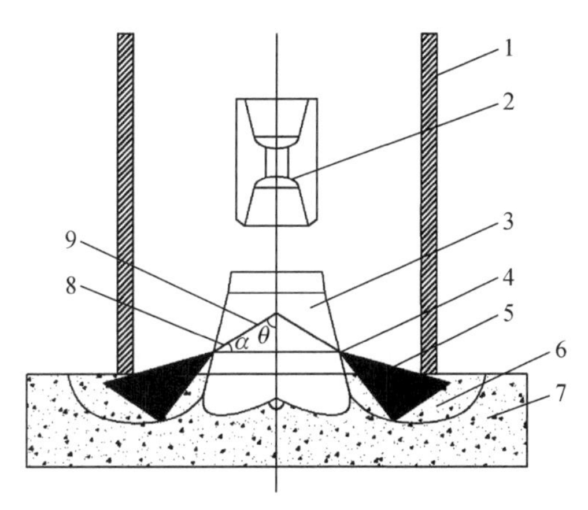

图 4.20　最佳钻头伸出量情形

1. 套管；2. 钻头接头；3. 钻头；4. 喷嘴；5. 射流区域；6. 最佳射流位置；
7. 地下土体；8. 射流扩散角 α；9. 喷嘴间夹角 θ

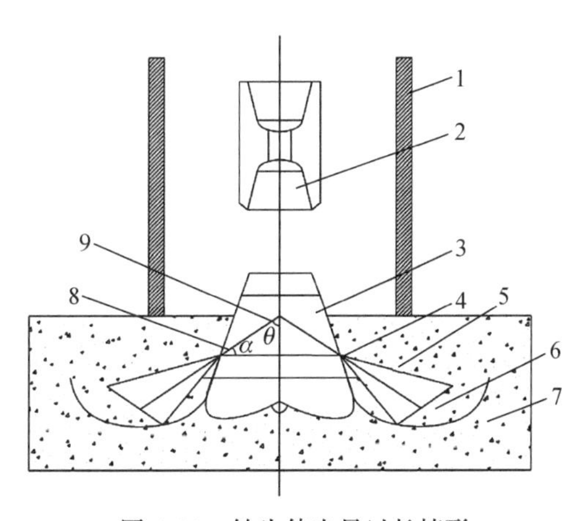

图 4.21　钻头伸出量过长情形

1. 套管；2. 钻头接头；3. 钻头；4. 喷嘴；5. 射流区域；6. 最佳射流位置；
7. 地下土体；8. 射流扩散角 α；9. 喷嘴间夹角 θ

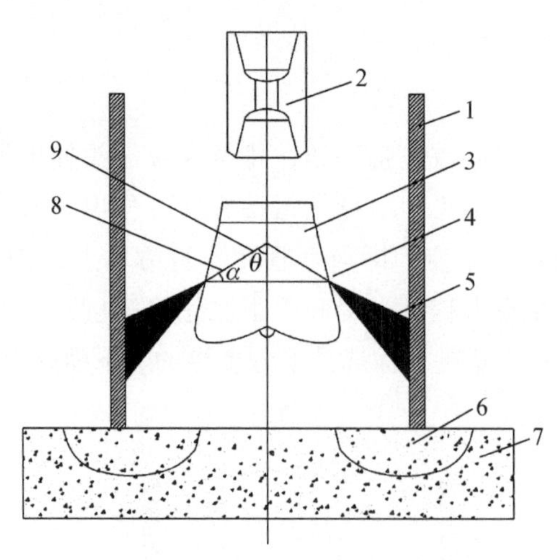

图 4.22　钻头伸出量过短情形

1. 套管；2. 钻头接头；3. 钻头；4. 喷嘴；5. 射流区域；6. 最佳射流位置；
7. 地下土体；8. 射流扩散角 α；9. 喷嘴间夹角 θ

钻头伸出量过短或过长都会影响套管的下入速度。如果钻头伸出量过短，射流区域会在套管内部，钻井液射到套管内壁上，没有很好地起到破岩和清洁井底的作用，导致钻进效率很低；如果钻头伸出量过长，喷射区域处在套管底端较远土层，与套管底部有一段距离，当此区域被喷开后，上部土层无法承受套管重量，从而导致套管出现急速下落的情况，不利于套管下入。喷射区域处在套管底端下部土层，利用射流力进行破岩，这样喷开一段、套管下入一段，实现同步下入，能极大地提高套管下入速度，此区域称为最佳射流位置，此钻头伸出量称为最佳钻头伸出量。

喷射法下入套管工艺最佳钻头伸出量计算模型如图 4.23 所示。

要计算此最佳伸出量 Δh 需要计算如下一些长度。

1）射流极点 O_1 至喷嘴出口的距离 S_0

射流极点 O_1 至喷嘴出口的距离 S_0 可采用下式进行计算，即

$$S_0=\frac{R_0}{\tan(\alpha/2)} \tag{4.64}$$

式中，S_0 为射流极点至喷嘴出口的距离，m；R_0 为喷嘴半径，mm；α 为射流扩散角，(°)。

2）G 与 K 两点间的距离 R

$$|BP|=\frac{L_1}{\sin\theta},\qquad |KP|=R\cdot\cot\theta \tag{4.65}$$

所以

$$|BK|=\frac{L_1}{\sin\theta}-R\cdot\cot\theta \tag{4.66}$$

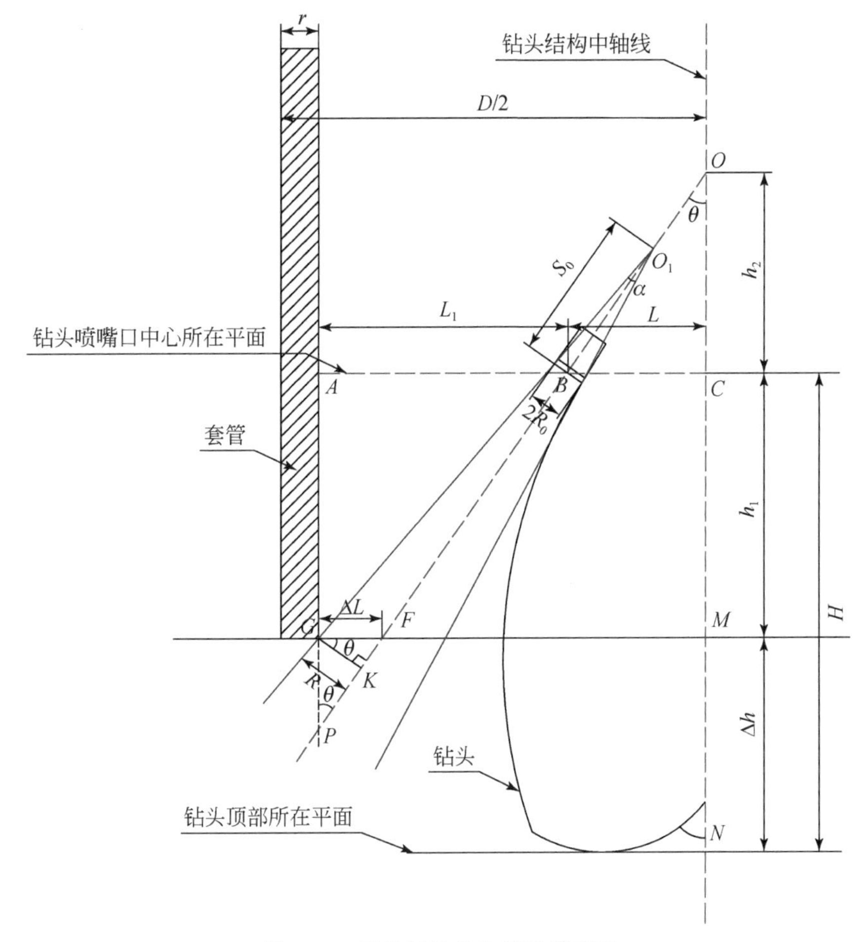

图 4.23　最佳钻头伸出量计算模型

故

$$|O_1K| = \frac{L_1}{\sin\theta} - R \cdot \cot\theta + S_0 \tag{4.67}$$

由几何相似关系可得

$$\frac{R_0}{R} = \frac{|O_1B|}{|O_1K|} = \frac{S_0}{\dfrac{L_1}{\sin\theta} - R \cdot \cot\theta + S_0} \tag{4.68}$$

整理可得

$$R = \frac{R_0 S_0 \sin\theta + R_0 L_1}{R_0 \cos\theta + S_0 \sin\theta} \tag{4.69}$$

R 即 G 与 K 两点间的距离。

3）G 与 F 两点间的距离 ΔL

由几何关系可简单得出：

$$\Delta L=\frac{R}{\cos\theta} \tag{4.70}$$

4）C 与 M 两点间的距离 h_1

$$|FM|=\frac{D}{2}-r-\Delta L \tag{4.71}$$

所以

$$|OM|=|FM|\cdot\cot\theta=\left(\frac{D}{2}-r-\Delta L\right)\cdot\cot\theta \tag{4.72}$$

且有

$$h_2=|OC|=L\cdot\cot\theta \tag{4.73}$$

因而

$$h_1=|OM|-|OC|=\left(\frac{D}{2}-r-\Delta L\right)\cdot\cot\theta-L\cdot\cot\theta \tag{4.74}$$

5）M 与 N 两点间的距离 Δh

$$\Delta h=H-h_1 \tag{4.75}$$

综上所述，我们可以得到喷射法下入导管工艺最佳钻头伸出量计算公式为

$$\Delta h=H-\frac{1}{\sin\theta}\left[\left(\frac{D}{2}-r-\Delta L\right)\cdot\cot\theta-\frac{R_0\cdot\sin\theta+\left(\frac{D}{2}-r-\Delta L\right)\tan(\alpha/2)}{\cos\theta\cdot\tan(\alpha/2)+\sin\theta}\right] \tag{4.76}$$

式中，Δh 为最佳钻头伸出量，mm；H 为钻头喷嘴口处所在平面与钻头顶部所在平面间距离，mm；D 为导管外径，mm；r 为导管壁厚，mm；R_0 为喷嘴口处半径，mm；α 为射流扩散角（一般为25°～30°）；θ 为钻头喷嘴轴线与钻头中轴线间夹角，(°)；L 为钻头喷嘴口处中心位置与钻头中轴线间垂直距离，mm。

式（4.76）即喷射法下入导管工艺中最佳钻头伸出量计算公式，可以看出最佳钻头伸出量与导管外径、导管壁厚、喷嘴口处半径、钻头喷嘴轴线与钻头中轴线间夹角、射流扩散角、钻头喷嘴口处中心位置与钻头中轴线间垂直距离及钻头喷嘴口处所在平面与钻头顶部所在平面间距离等参数有关。

通过钻头喷射数值模拟和现场试验数据分析反演可以得出如下关系，在表层套管尺寸、钻头尺寸和钻井参数一定的情况下，刚开始随着钻头伸出量的增加，钻头形成的井眼尺寸逐渐扩大，但当钻头伸出量增加到一定临界值（400～500mm）时，井眼扩大率不再有明显的增加（图4.24）。推荐钻头伸出量为4～6in。

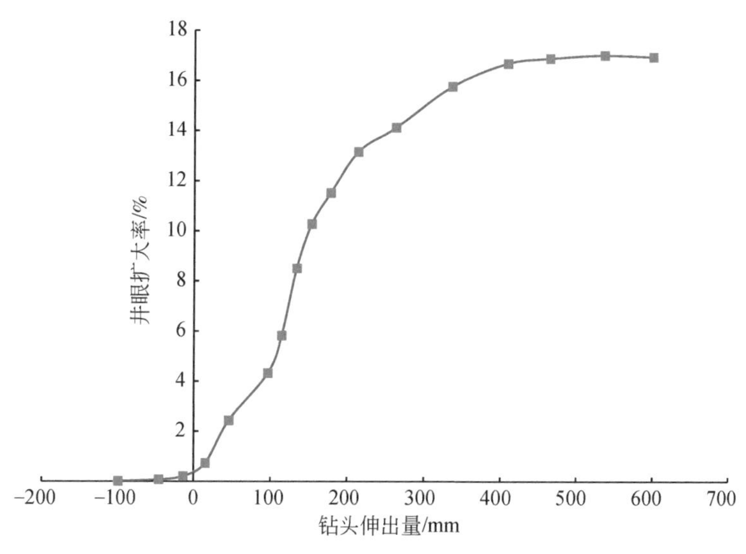

图4.24　钻头伸出量与井眼扩大率关系

4.4.4　解脱等候时间窗口确定

解脱等候时间窗口具体指油气导管喷射到位，导管周围土体提供的承载力不足以支撑油气导管，要求下入工具上提油气导管，直至地基承载力满足支撑和解脱油气导管的载荷和力矩，之后完成解脱。解脱等候时间窗口包括海底土承载力恢复时间和CADA工具解脱时间。

4.4.4.1　海底土承载力恢复时间

表层导管安装到位后，随静置时间增加，孔隙水压力消散，表层导管承载力恢复。通过现场喷射模拟实验，开展了表层导管承载力随时间恢复关系研究。实验过程使用相同喷射参数（排量1.28m^3/min，钻头伸出量50mm）将6组表层导管喷射安装到泥线以下10m，测量不同静置时间（2h、6h、12h、24h、48h、96h）后表层导管最大上提力，为消除表层导管尺寸对承载力的影响，将实测最大上提力减去导管重量后除以表层导管侧面积，得到表层导管与土的平均单位面积侧向摩擦力恢复规律，如图4.25所示。

如图4.25所示，海底土受喷射扰动后承载力变化明显，表层导管喷射到位并静置2h后平均单位面积侧向摩擦力为3kPa，静置24h后平均单位面积侧向摩擦力恢复至8.5kPa，静置96h后平均单位面积侧向摩擦力恢复至12kPa。表层导管平均单位面积侧向摩擦力与静置时间呈对数关系变化，静置初期平均单位面积侧向摩擦力恢复较快，

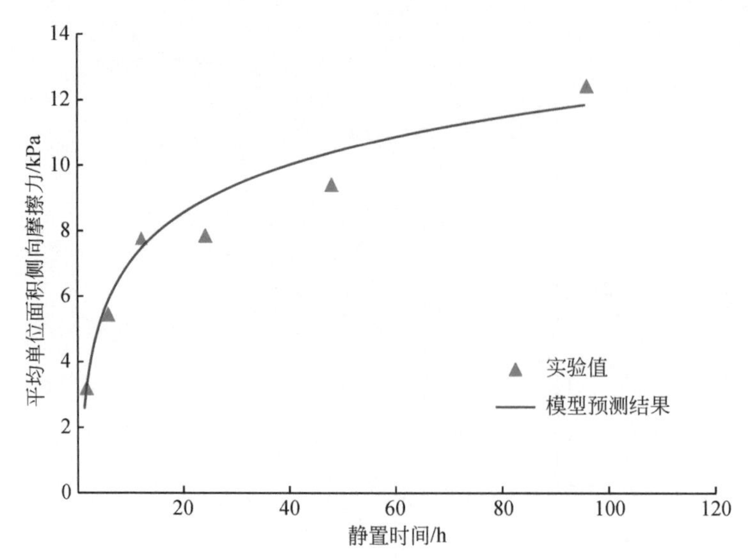

图 4.25　表层导管平均单位面积侧向摩擦力随静置时间变化关系

随着静置时间增加，平均单位面积侧向摩擦力恢复速度减缓，逐渐趋于稳定。

4.4.4.2　CADA 工具解脱时间

表层导管喷射到位，经静置若干小时与 CADA 工具解脱时容易发生下沉。为保证导管不发生下沉，需满足：

$$F_f \geqslant G \tag{4.77}$$

即表层导管最大侧向摩擦力要大于 CADA 解脱时导管所承受的竖向载荷。表层导管的最大侧向摩擦力依据海底浅层土对导管的实时承载力，CADA 工具解脱时表层导管承受的竖向载荷：

$$W_{rs} = W_c + W_p + W_{ca} + W_{wd} \tag{4.78}$$

式中，W_c为导管管柱的浮重，kN；W_p 为下入管柱组合内部钻具组合的总浮重，kN；W_{ca}为 CADA 工具浮重，kN；W_{wd}为井口泥线垫板的浮重，kN。

4.5　应用案例分析

选取位于南海深水海域 C 井，水深 2440m，设计井深 5450m，该井位具备常规深水井喷射条件，具有代表性。该地区水较深，海洋环境和海底工程地质条件复杂，深水水下 BOP 系统质量重、体积大、迎流面积较大，隔水管串受海流影响大，井口稳定性是建立循环后续作业的前提。

4.5.1　导管极限和实时承载力

4.5.1.1　井场海底土质调查

以海底浅层重力取样为依据，判断海底浅层的力学性能，结合地震和周边井的钻井情况，预测海底泥线以下 100m 范围不存在硬地层，确定表层导管喷射可行性。

4.5.1.2　表层导管极限承载力计算

根据浅层土质调查报告，并依据邻井地层变化趋势，采用插值计算方法，得到 C 井位浅层土质不排水抗剪强度，恢复系数取 0.845，其不排水抗剪强度如图 4.26 所示，根据 API 标准中给出的计算模型，求得 C 井位海底浅层 36in 表层导管极限承载力曲线如图 4.27 所示。

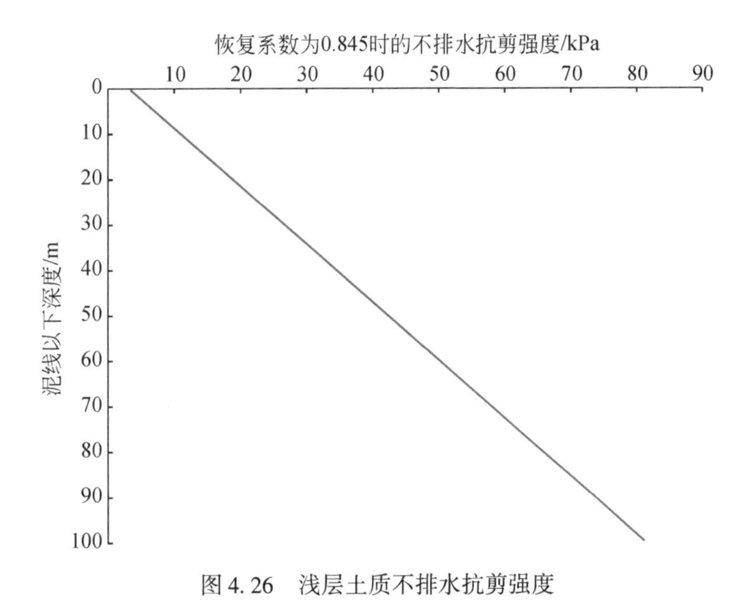

图 4.26　浅层土质不排水抗剪强度

4.5.1.3　海底浅层土质实时承载力

喷射法安装表层导管过程中，表层导管与周围海底浅层土之间的摩擦力和导管喷射到位后的静止时间有密切关系。根据上文求得的 36in 表层导管极限承载力数值，采取图 4.28 所示导管与土侧向摩擦力恢复系数模型，求得 C 井 36in 表层导管实时承载力，如图 4.29 所示。

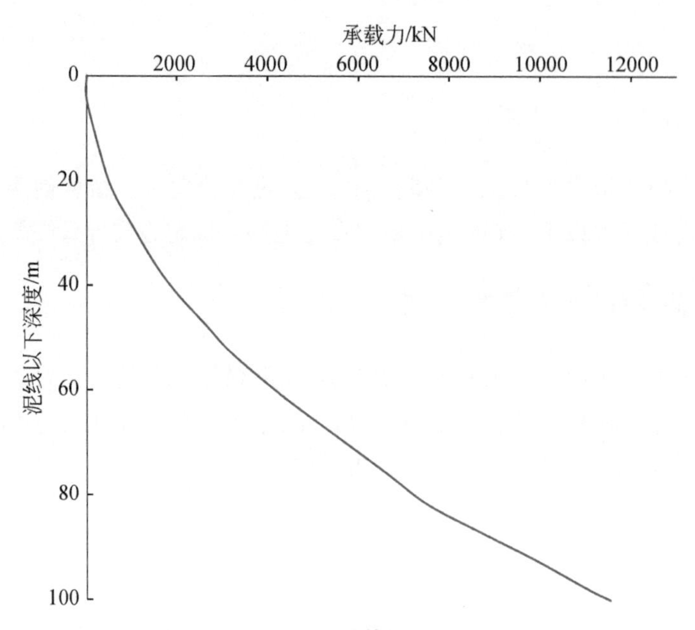

图 4. 27　36in 表层导管极限承载力曲线

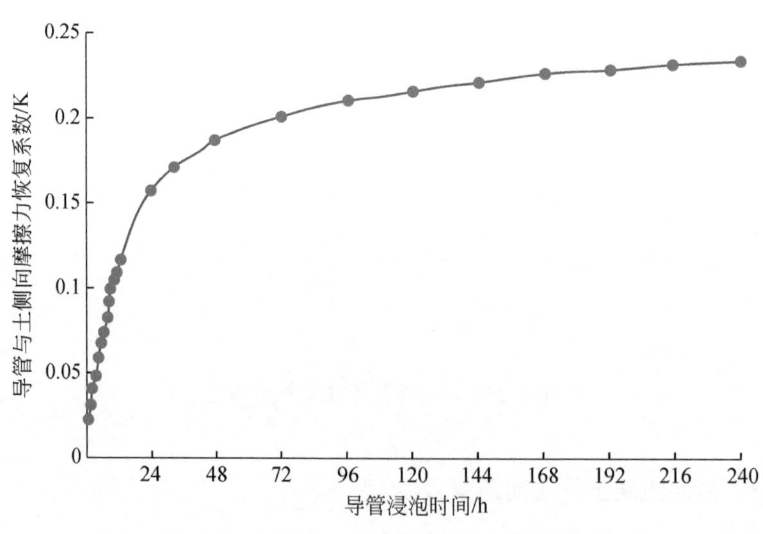

图 4. 28　导管与土侧向摩擦力恢复系数模型

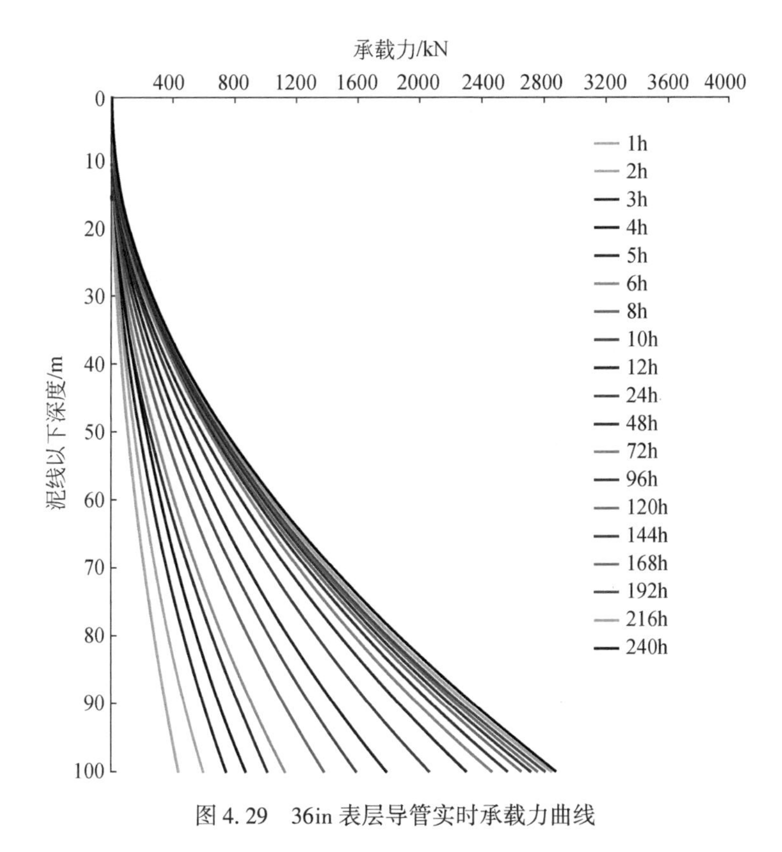

图 4.29 36in 表层导管实时承载力曲线

4.5.2 喷射法下入表层导管安全入泥深度

4.5.2.1 表层套管固井最危险工况下井口载荷计算

表层导管承受载荷最大的工况很有可能出现在20in表层套管固井，且水泥浆达到井眼底部并尚未进入表层导管和表层套管环形空间那一刻最大，表层套管固井方式选为内管柱插入式，如图4.30所示。因此，根据此表层套管固井最危险工况确定该井的表层导管安全入泥深度。

表层导管安全入泥深度的确定与井口载荷密切相关，下面根据C井井身结构设计方案确定井口载荷。其井身结构设计如图4.31所示，C井工程参数见表4.2。

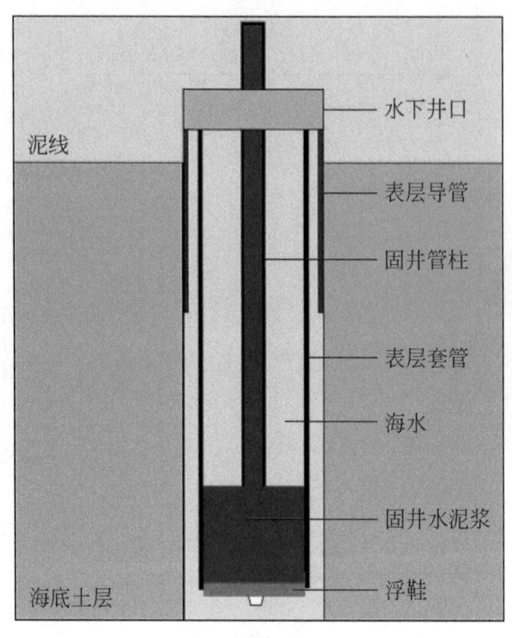

图 4.30　表层套管固井最危险工况示意图

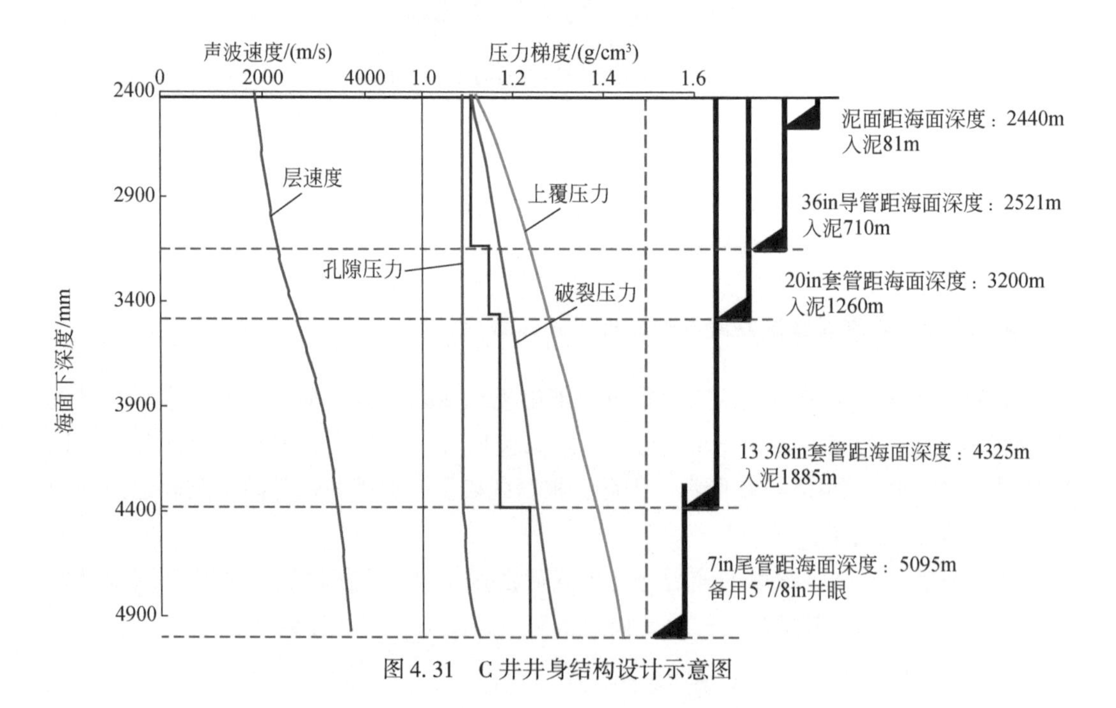

图 4.31　C 井井身结构设计示意图

表4.2　C井工程参数

工程参数	数值
水深/m	2440
海水密度/(kg/m^3)	1030
低压井口头重量/kN	11.12
高压井口头重量/kN	33.58
CADA 重量/kN	23.13
防沉板重量/kN	38.50
壁厚1.5in的36in表层导管重量/(kN/m)	7.74
壁厚1in的36in表层导管重量/(kN/m)	5.46
喷射管柱串重量/(kN/m)	2.57
表层套管送入工具重量/kN	41.37
20in表层套管下深/m	710

固井最危险工况下表层导管承受的载荷 W_{landed} 组成如下：

$$W_{landed}=W_{conductor}+W_{wellhead}+W_{mud\text{-}mat}+1.3\times(W_{casing}+W_{c\text{-}string}+W_{cement}+W_{MRLD}) \tag{4.79}$$

式中，W_{landed} 为固井最危险工况下表层导管承受的载荷，t；$W_{conductor}$ 为表层导管湿重，t；$W_{wellhead}$ 为井口头湿重，t；$W_{mud\text{-}mat}$ 为防沉板湿重，t；W_{casing} 为表层套管湿重，t；$W_{c\text{-}string}$ 为固井管柱湿重，t；W_{cement} 为固井水泥浆湿重，t；W_{MRLD} 为表层套管送入工具湿重，t。

表层导管安全入泥深度就是确保海底浅层土壤对导管的实时承载力能够承受表层套管固井最危险工况下的载荷。当海底浅层土对导管的实时承载力确定的情况下，决定导管入泥深度的主要因素是表层套管固井最危险工况下的井口载荷和导管静置时间。C井位海底浅层土对表层导管的实时承载力已经求得，下面根据钻井设计计算表层套管固井最危险工况下井口载荷 W_{load}（表4.3）。

表4.3　C井表层套管固井最危险工况下井口载荷

计算项目	载荷/kN
井口头湿重	38.78
防沉板湿重	33.50
表层套管送入工具湿重	35.99

续表

计算项目	载荷/kN
表层套管湿重	1275.74
固井水泥浆湿重	588.99
固井管柱湿重	269.7
表层导管湿重	$4.74L+54.49$

注：L 为表层导管入泥深度设计值，m；钢材在海水中浮力系数取 0.87。

$$W_{load}=4.74L+54.49+38.78+33.50+1.3(269.7+1275.74+588.99+35.99)$$
$$=4.74L+2948.32(kN)$$

4.5.2.2　表层导管安全入泥深度计算

根据 36in 表层导管实时承载力曲线，结合表层套管固井最危险工况下施加给导管的井口载荷，并考虑固井时管柱上提力不小于 150t，确定在表层导管喷射到位后至表层套管固井时不同静置时间下的安全入泥深度如图 4.32 和表 4.4 所示。

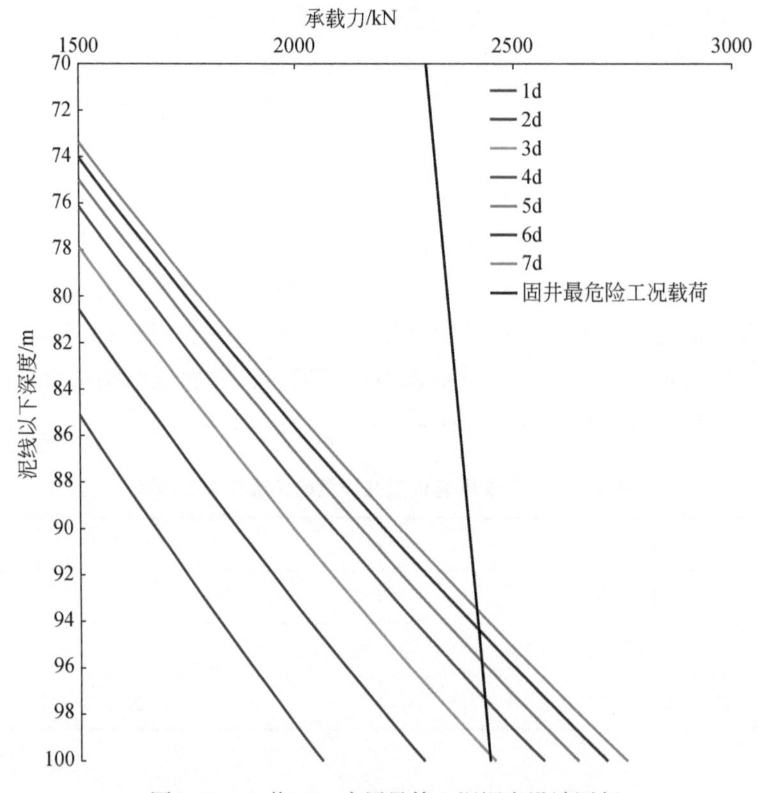

图 4.32　C 井 36in 表层导管入泥深度设计图版

表 4.4　C 井表层导管安全入泥深度计算结果（承载力恢复系数取 0.845）

静置时间/d	1	2	3	4	5
安全入泥深度/m	>100	>100	100	98	96

注：以等候时间 3d 计算，安全入泥深度为 100m。

4.5.3　表层导管安全等候时间确定

根据工程实际，表层导管安全等候时间的确定分别考虑表层导管喷射到位后 CADA 工具解脱时间和 20in 表层套管固井结束坐上防喷器时的导管承载力校核。

4.5.3.1　CADA 工具解脱时间确定

表层导管最大侧向摩擦力要大于 CADA 解脱时导管所承受的竖向载荷。表层导管的最大侧向摩擦力依据海底浅层土对导管的实时承载力，并根据式（4.77）、式（4.78）确定 CADA 工具解脱时表层导管承受的竖向载荷 G：

$$G=4.74L+54.49+9.67+33.50+20.12=4.74L+117.78\ (\text{kN})$$

由此可求出在此载荷作用下表层导管所需最小入泥深度，分别考虑导管喷射到位至解脱 CADA 时的浸泡时间为 1h、2h、3h、4h、5h、6h（图 4.33）。

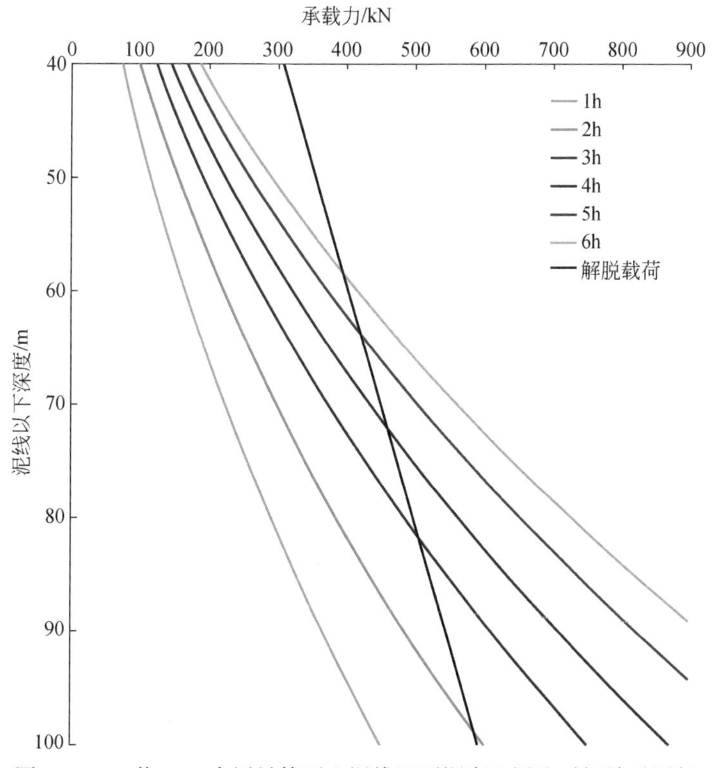

图 4.33　C 井 36in 表层导管下入泥线以下深度和浸泡时间关系图版

由此可知，在这种工况下，为保证作业安全性，表层导管喷射到位后至 CADA 工具解脱时浸泡时间应不小于 2h。

4.5.3.2　套管固井坐上防喷器时的导管承载力校核

二开表层套管固井结束坐防喷器系统时，如图 4.34 所示，深水钻井平台防喷器系统重量大，防喷器组湿重为 3971.15kN（LMRP 为 1294.96kN、下部 BOP 为 2328.29kN），可能存在发生导管下沉的风险。因此需要对此工况下表层导管的入泥深度进行校核，根据初步设计，以最小表层导管入泥深度（取 84m）计算。

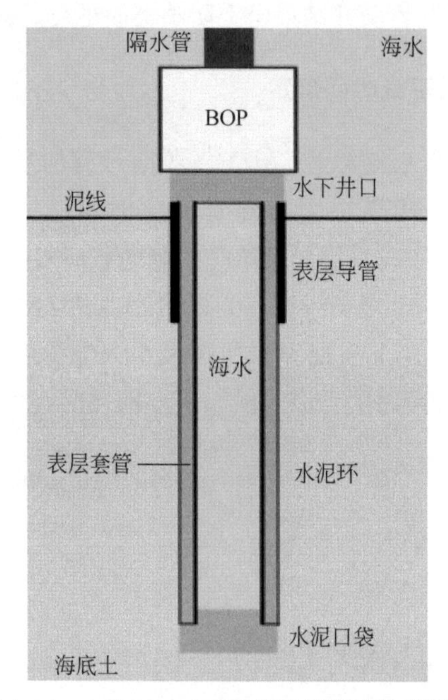

图 4.34　C 井 36in 表层导管入泥深度控制图版

在坐防喷器系统时，上部有隔水管提供上提力，基于底部残余张力的顶张力确定方法，考虑隔水管系统下部提供的上提力大小为 LMRP、BOP 之间解脱所需 1655kN 的上提力，故防喷器系统坐在高压井口头的湿重为 1897kN。此时 20in 表层套管已固井，因此需要考虑固井水泥浆固结后对表层套管的竖向承载力。

侧向摩擦力的计算参考式（2.23），计算结果为

$$F = 0.4\times3.14\times26.0\times0.0254\times(710-84)\times[(\lg3+3.912)/274]\times1000 = 8317.37\ (\text{kN})$$

根据坐防喷器时的作业工况，得到此时井口载荷见表 4.5。

表 4.5 C 井坐防喷器时井口载荷计算

计算项目	载荷/kN
防喷器组湿重	3971. 15
防沉板湿重	33. 5
井口头湿重	38. 89
表层导管湿重	452. 65
表层套管湿重	1275. 75
表层套管固井水泥环干重	3127. 03
总计	8898. 97

根据上文求得的实时承载力计算结果，C 井导管入泥深度为 84m 时可获地层承载能力大于 2600kN。坐防喷器工况下表层导管-水泥环-表层套管系统可获得的承载力最小值为 8317. 37+2600 = 10917. 37 （kN），大于井口载荷。

因此，考虑表层套管固井水泥环固结影响时，在坐防喷器的工况下表层导管是安全的，井口稳定性满足作业要求。

第5章　海洋油气井导管安装方法适应性

钻入法、打桩法和喷射法三种安装导管工艺一直沿用至今，针对不同钻采目的和海洋环境等因素，它们具有显著的差异性，这种差异性不仅表现在工艺流程上，同样也反映在装备上，了解三种工艺的区别能准确把握工艺特点和作业程序，加深对海洋油气井导管安装技术的综合理解。本章中，作者会从水深因素、地质因素、工艺流程因素出发，分别对三种海上油气导管安装工艺的适应性做系统性阐述。

世界石油勘探开发已经从陆地、浅海大陆架，向大陆坡，乃至更深的海洋盆地发展，伴随着油气资源开发走向深水，开发方式也在逐渐发展，从固定式开发设备（导管架平台）到移动式设备（包括自升式平台、SPAR平台、半潜式平台、钻井船等）。随着海洋和地质环境因素越发复杂，油气钻井工艺也从钻入法发展到打桩法，再发展到喷射法，钻井工艺的完善也为油气安全高效开发奠定了基础，从而针对不同的井况特点，选择合适的钻井工艺可以有效降低作业难度，提升作业时效，保证作业安全。不同水深环境下钻井装备如图5.1所示。

图5.1　不同水深环境下钻井装备类型

5.1　钻入法安装导管工艺技术适应性

1）水深因素

钻入法对水深没有严格要求，覆盖范围最广，导管架平台、自升式平台、半潜式平台和钻井船均能采用该工艺。

2）地质因素

通过统计已有钻井资料，分析得出钻入法下入表层套管适合于海底土强度较大的地层。若地层强度低，钻头会形成较大的井眼，且固井后水泥浆与导管周围土体胶结性能差，需要更大的入泥深度，从钻井时效角度考虑这种方法是不经济的。通常海底土抗剪强度大于300kPa时，采用钻入法施工方式比较适合，特别是对于砂砾地层和卵石地层等，钻入法能较好地胜任，使用打桩法和喷射法易发生导管下入遇阻。

3）工艺流程因素

钻入法不需要额外增加施工装备，然而，由于需要固井，井底温度不应过低，否则会影响固井质量，同时增加水泥候凝时间。

5.2　打桩法安装导管工艺技术适应性

1）水深因素

打桩法适用于浅水区域，通常应用在导管架平台。

2）地质因素

打桩法下入表层套管适合于海底土强度为软到中硬的地层。据统计得出海底土抗剪强度小于400kPa时均可以采用该方法。若地层过硬，易发生拒锤等情况。

3）工艺流程因素

打桩法需要额外装卸桩锤设备，增加了设备调配和装卸时间。然而，该方法可以减小井眼冲刷过大带来的固井窜槽等方面的问题，不需要固井施工。

海上生产井多为多井槽同时开发模式，采用打桩法可以避免多趟钻柱下放、回收和固井作业，通过简单移动井架就可以实现多口井导管同时安装（图5.2）。然而针对探井，多采用钻入法安装导管，节省桩锤调度和安装时间。

图5.2　多井槽同时开发模式

5.3　喷射法安装导管工艺技术适应性

1）水深因素

喷射法适用于水较深环境，一般情况下水深应超过导管入泥长度。

2）地质因素

通过统计已钻井资料，分析得出适合喷射法下入表层导管的海底土强度较低，对于砂性土来说，在喷射钻井表层套管下入过程中，砂性土的侧向摩擦力一般比较大，所以在同样下入深度条件下表层导管承载力比黏性土要大一些。为了保证下一井段的钻井安全，一般要求表层导管的管鞋位置放在黏性土里，这样在下一个井段的钻井过程中管鞋处的抗冲刷能力要强一些。如果表层导管的管鞋位置避不开砂性土层，则表层导管的下入深度要比计算结果深一些，以避免在下一步钻井过程中管鞋处冲刷而造成的承载力下降。对于黏性土来说，在喷射钻井表层导管下入过程中，黏性土的侧向摩擦力一般比砂性土小些，在同样下入深度条件下表层导管承载力也要小一些，所以如果在黏性土比较厚的海底，表层导管下入深度要深一些，以保证表层导管有足够的承载力。

当海底土抗剪强度小于等于300kPa时，采用喷射法施工方式比较适合。当海底土抗剪强度大于300kPa时，由于地层强度比较高，甚至出现岩层露头时，采用喷射法施工方式下入导管速度慢，可能存在下入困难，严重时表层导管很难下到设计深度，有时需要起出再更换井场位置，所以可以采取钻入法工艺，先钻开井眼后固井。

同样，当作业海域海底存在陆坡垮塌区域和崎岖海底区域、海底沟槽和较大的凹坑时，极易造成表层导管在下入过程中发生倾斜，从而造成井口倾斜，这种情况下也不适合使用喷射法下入表层导管施工。如果海底坡度变化大，这就要求在表层导管喷射下入过程中控制好钻压参数，不要施加太大的钻压，以防发生井斜事故；控制好钻井速度，喷射钻进速度不要太快；在表层导管施工前，应利用ROV对水下井口附近区域进行探视，如果发现这种情况应把井口位置移动到相对平缓的地方。

3）工艺流程因素

喷射法的特点是一趟管柱实现二开井眼，节省了下一趟管柱的时间。同时，对于易发生井漏、井塌等复杂情况的浅部疏松地层，喷射法更有优势。

对于地层条件同时满足钻入法和喷射法的情况，应该充分考虑二者的安全性和时效性。喷射法所需时间=喷射准备时间+下入时间+静置时间+CADA解脱时间；钻入法所需时间=钻井准备时间+导管段钻井时间+回收钻柱时间+下导管时间+固井（注水泥+候凝）时间+下入钻柱时间。

参考文献

董星亮，曹式敬，唐海雄，等 . 2011. 海洋钻井手册 . 北京：石油工业出版社 .

孔纲强，杨庆，郑鹏一，等 . 2009. 考虑时间效应的群桩负摩阻力模型试验研究 . 岩土工程学报，31（12）：1914-1919.

李范山，杜嘉鸿，施小博，等 . 1997. 射流破土机理研究及其工程应用 . 流体机械，25（2）：26-29.

李鹤林 . 1982. 国外石油矿场用钢的现状与动向 . 石油钻采机械，（06）：28-37.

孙健 . 2007. 预制预应力方桩沉桩中桩顶防裂措施 . 水运工程，405（7）：102-103.

王定亚，刘小卫，金弢，等 . 2011. 海洋水下井口装置技术分析及发展建议 . 石油机械，39（10）：170-173.

俞志强 . 1996. 打桩公式概说——推荐一个打桩公式 . 安徽建筑，（z1）：59-62.

张忠苗 . 2007. 桩基工程 . 北京：中国建筑工业出版社 .

Brown J D，Meyerhof G G. 1969. Experimental study of bearing capacity in layered clays. //Proceeding of the 7th International Conference on Soil Mechanics And Foundation Engineering. Mexico City，2：45-51.

Hanna A M，Meyerhof G G. 1980. Design charts for ultimate bearing capacity of foundations on sand. overlying soft clay. Canadian Geotechnical Journal，17（2）：300-303.

Hansen. 2001. A revised and extended formula for bearing capacity. Geoteknisk Institut Bulletin，28：5-11.

Skempton. 1951. The bearing capacity of clays. Buiding Research Congress，1：180-189.

Stockard D M. 1979. Case histories of pile driving in the Gulf of Mexico. J Pet Technol，32（4）：580-588.

Terzaghi K，Peck R. 1948. Soil mechanics in engineering practice. New York：Wiley.